欢乐数学营

数与式的奇趣乐园

[日] 小宫山博仁 ◎著

徐晓晴◎译

名片的长和宽满足黄金比例？

$2:x=(x-2):2$

$n!=n\times(n-1)\times(n-2)\times\cdots\times 3\times2\times1$

12+4×3=4！正确吗？

本金翻倍的72法则

$2A=A(1+r)^N$

72÷ 年利率 = 本金翻倍所需的年

根据阳历年份算地支
阳历年份 ÷12 得到的余数 + 9

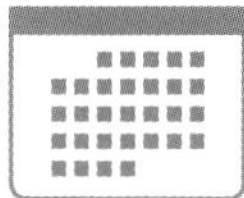

$365\div7=52$ 余 1

人 民 邮 电 出 版 社

北 京

图书在版编目（CIP）数据

数与式的奇趣乐园 / （日）小宫山博仁著 ； 徐晓晴译. -- 北京 ： 人民邮电出版社, 2021.2（2024.6 重印）
（欢乐数学营）
ISBN 978-7-115-55111-5

Ⅰ. ①数… Ⅱ. ①小… ②徐… Ⅲ. ①数学－青少年读物 Ⅳ. ①01-49

中国版本图书馆CIP数据核字(2020)第203874号

◆ 著　[日]小宫山博仁
译　徐晓晴
责任编辑　李　宁
责任印制　陈　犇

◆ 人民邮电出版社出版发行　北京市丰台区成寿寺路 11 号
邮编　100164　电子邮件　315@ptpress.com.cn
网址　https://www.ptpress.com.cn
三河市中晟雅豪印务有限公司印刷

◆ 开本：880×1230　1/32
印张：4　2021 年 2 月第 1 版
字数：91 千字　2024 年 6 月河北第 15 次印刷

著作权合同登记号　图字：01-2019-6241 号

定价：35.00 元

读者服务热线：(010)81055410　印装质量热线：(010)81055316
反盗版热线：(010)81055315
广告经营许可证：京东市监广登字 20170147 号

内容提要

数学无处不在，从考试中的计算公式，到物理学、经济学等都有数学的影子。数学让人们的生活更加便利。本书作者以简明的文字、轻松的插图介绍了小学和中学阶段的许多数学基础知识。本书共 5 章。序章为全书内容的引子，简单介绍了数学的诞生和计数单位等；第 1 章概括了课本中的一些重要公式；第 2 章介绍了许多重要的并且常见的数学符号，如 +、−、×、÷、=、>、<、△、sin、cos、tan 等；第 3 章介绍了二次函数曲线、正弦定理、余弦定理、三角函数等课本上常见的概念；第 4 章介绍了日常生活中数学的应用，如根据阳历年份算地支、计算空气湿度等。

本书适合小学高年级学生和中学生阅读。

※ 前　言 ※

很多人看到“数学”这俩字的时候，第一反应就是“难！太难了”，甚至有些人光是看到这俩字都觉得头疼。这本书就是为那些看到“数学”就头疼的“数学困难户们”量身定制的。

日本在教育方面特别重视学生的会话能力和交流能力，其中，交流能力是人与人之间思想与心灵沟通的桥梁。这里所说的交流能力，不单单指说话、阅读、书写等能力，还包括使用特定符号来传达思想的能力。什么是特定符号呢？比如，日语符号当然就是指汉字、平假名和片假名了，我们可以通过对“あ、ア、亜”等符号进行组合来表达自己的心情；同样，英语、德语、法语符号就是指“a、b、c”等字母；除此之外，朝鲜文字、阿拉伯文字也算符号。

你可能会觉得奇怪：这本书不是要讲数学吗？为什么扯到语言上了呢？其实，数学符号可以称得上一种全世界通用的语言符号。

日语符号也好，汉语、英语、阿拉伯语符号也罢，基本只有居住在这些国家的人才会使用，但像“$1+2=3$、$(a-b)^2=a^2-2ab+b^2$”这样的式子和“$\sqrt{\ }$、$\angle$、$\sum$”这样的数学符号是全世界通用的，只要懂数学的人都可以通过简单的式子和数学符号进行交流。我甚至认为，式子和数学符号才是当今全球化背景下真正的世界通用语言。

数学有其两面性。

一方面，数学是实用的。早在古巴比伦和古埃及时期，数学就已经和人们的日常生活密不可分，发展到了很高的水平。人们推测，古代人是为了测量土地的面积等而创造了文字和数字，进而丰富了自己的数学知识。大约在公元前1650年就出现了像《莱因德纸草书》这样的数学著作。另外，也是因为数学的高度发展，才有了产业革命以后科学技术的飞速进步。

另一方面，数学又是神秘而美丽的。通过对简单的数学符号进行组合，可以推导出各式各样整齐有序的数学公式和定理——这令无数人沉迷其中不能自拔，古希腊数学家毕达哥拉斯便是其中一员。其实，他不仅是数学家，还是一位著名的哲学家，毕达哥拉斯学派中的学者们是最早意识到数学之美的一群人，他们甚至宣称“数乃世界之本源”。

因此，在这本书中，我也试着向大家展现数学的这种神奇的两面性。读过此书，只要你觉得有点用，哪怕只有一点点，我都会感到无比欣慰。最后，我想告诉大家一个自己读数学书的经验，那就是——哪怕刚开始有不懂的地方也没关系，读下去就会柳暗花明。请大家务必践行此道。

等读过本书的后记你就会明白这一经验的深意。

那么，你准备好了吗？让我们开始神奇的数学之旅吧！

2018 年 11 月的某天

小宫山博仁

※ 目　录 ※

第 3 章 数学课本中的式子

第 4 章 日常生活与式子

数和式是什么？

数字的诞生和与数学单位有关的小故事

在日常生活中，我们经常会用到数字，却很少有人知道，数字到底是什么时候出现的。

其实，数字的历史可谓源远流长。人们在欧亚大陆最古老的美索不达米亚文明（公元前 4000 年）的遗迹中就已经发现刻在黏土板上的楔形文字中含有数字，所以人们猜测，数字的历史最早可以追溯到美索不达米亚文明时期。

一个能从 1 读到 100 的小孩子，不一定会用 1 到 100 来数具体的物品，这是因为小孩子不知道数字的含义——数字是用来表示量的。

数字是有单位的。上小学的时候我们学过“万、亿、兆”等单位，但其实计数单位远远不止这些。早在江户时代，日本的数学课本上就出现了京、垓、秭、穰、沟、涧、正、载、极、恒河沙、阿僧祇、那由他、不可思议、无量、大数等单位。其中 1 无量是一个长达 69 位的超级大的数字（就是 1 后面有 68 个 0）。我们可以把这种位数特别多的数字简写成指数的形式，比如 10^2 就是 100，10^3 就是 1000，等等。10^n 右上角的 n 表示 1 后面跟了 n 个 0。这样就可以简洁明了地表示特别大的数字，比如上面提到的 1 无量可以表示成 10^{68}。

此外，还有分、厘、毫、丝等 24 个单位可以用来表示比 1 小的数字。

数字不仅仅只有 1、2、3 等这样的正整数，还有像 –1、–2、–3 这样的负整数和 1/2、1/3 这样的分数。

数的单位

1000000000000000

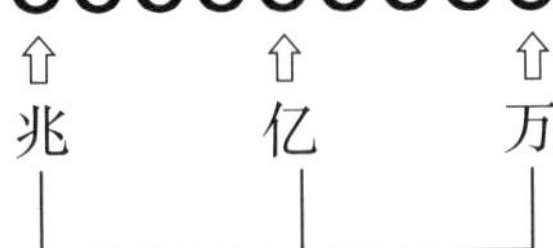

计数单位兆的上面还有京、垓、秭等

1 无量

100000000000000000000000000000000000000000000000000000000000000000000

1 后面跟了 68 个 0

0.0000000000······

分厘毫丝······

小数点后的数字也有单位

※ 日语里有“割”这个单位（即汉语所说的“几成”），比如有“二割三分四厘”这样的表达。所以，有些日本人会误以为数学里的“分”是 1/100，“厘”是 1/1000，其实不然。

数学速记

整数包括像 1、2、3 这样的正整数，0 和 –1、–2、–3 这样的负整数，其中正整数和 0 又叫自然数。

数字和式子中符号的含义

1+1=2，这是小学生都会做的数学题，它由数字和符号两部分组成。上一节说到了数字的诞生，但是若只有数字没有符号的话，那上面这个式子就只能表示成“1 加上 1 等于 2”，那样的话数学计算也会很麻烦。

没有数学符号就没有数学式子，数学式子是对数字和数学符号的灵活运用。（其实单独的一个数或者字母也是式子，但在本书中为了区分数和式，式子单指将数或表示数的字母用数学符号连接所形成的表达式。）可以说，对数字的灵活运用与我们人类的进化发展密不可分。

上小学时我们就学过加减乘除四则运算，但你有没有想过，我们日常使用的这些数学符号究竟有什么含义呢？在第 2 章中，我会具体介绍小学、初中、高中学过的一些数学符号，让大家先把数学符号搞明白。例如，我们在日常生活中常见到像“√”或“∑”之类的符号，但基本不会见到像“| |”或是“!”这样的符号，所以有些人会把“!”看成感叹号。其实“| |”是绝对值符号，而“!”则是阶乘符号（详见第 2 章）。

小小的数学式子中还隐藏着许多神奇的秘密，我会在第 4 章中为大家揭晓，在这里可以先透露一点：比如资产翻倍所需的时间和利率之间的关系就可以用一个式子表示。

没有数学符号就没有数学式子，数学式子和数学符号就像鱼与水一般，彼此联系、密不可分。

常用的数学符号

$+ \quad - \quad \times \quad \div \quad = \quad > \quad < \quad |\ | \quad \pi$

$\sqrt{\ } \quad \triangle \quad \cong \quad \perp \quad /\!/ \quad \angle \quad \theta \quad \backsim$

$\sin \quad \cos \quad \tan \quad \log \quad \Sigma \quad \lim$

$\infty \quad ! \quad P_n^r \quad C_n^r$

$\subset \quad \cap \quad \cup \quad \varnothing \quad \ni$

⇩

每个符号都有各自的含义

数

自然数　整数　偶数　奇数　小数　分数　质数

有理数　无理数　实数　虚数　复质数　……

与数学有关的奖项

菲尔兹奖（国际数学联盟）

奈望林纳奖（国际数学联盟）

高斯奖（国际数学联盟）

阿贝尔奖（阿贝尔纪念基金）

维布伦几何奖（美国数学会）

……

数学速记

式子中有很多符号，但是不止数学这一门学科会用到符号，比如，物理学中也会用“Ω”来表示电阻的单位。世界上有各种各样的单位符号。

警惕式子中的“陷阱”

首先，我想请大家算一算下面这道题。

$8 \div 2 \times (1+3)$

等于几呢？

如果算出来是 1 的话，可就错了哟，正确答案是 16。我想大家都知道应该先算括号里的数，但即便如此，还是可能掉入另一个陷阱：算出括号里的部分等于 4 以后，很自然地就先用离括号最近的 2 乘上了 4。结果就变成了 $8 \div 8=1$，答案错误。

四则运算的规则是：从左到右计算，如果有括号先算括号里的，没有括号则先算乘除后算加减。

我再举个例子。

$200 \div 4a$，现在假设 $a=5$，算出来是多少呢？

如果你的答案是 250 的话就又错了，正确答案是 10，因为这次我们应该先算 $4a$ 这部分。$4a$ 就是 $4 \times a$ 的意思，如果将式子写成 $200 \div 4 \times a$ 的话，那直接从左到右计算 $50 \times a$（a 等于 5）=250 是没有问题的；但请注意，我们给的式子不是 $200 \div 4 \times a$，而是 $200 \div 4a$，这时就应该先算 $4a$ 部分了。$4 \times 5=20$，$200 \div 20=10$，最后答案是 10。

之前我在网上看过一个很有意思的题目，问“$30-2 \times 3$ 等于几”。有些人自信满满地回答“4！”（关于“！”符号，在本书第 50 页有详细介绍），也有人回答“24”，这两个答案都是对的，但回答“84”的话就错了，因为他们忽视了先乘除后加减的原则，直接从左到右算的。

$8 \div 2 \times (1+3)$

$8 \div 2 \times \underline{(1+3)}$

先算画线部分

$\underline{8 \div 2 \times 4} = 4 \times 4 = 16$

⟹按从左到右的顺序计算

$200 \div 4a(a=5)$

$200 \div \underline{4a}(a=5)$

先算 $4a$

$200 \div \underline{4 \times 5}$

因为要先算画线部分

所以 $200 \div 20 = 10$

四则运算的问题

$$2 \times \{2+[3+(4-2)]+2\}+1$$

应先算 ( )、[ ]、{ } 里的部分，然后再按照一般四则运算的法则进行计算。

$$2 \times \{2+[3+(4-2)]+2\}+1 = 2 \times [2+(3+2)+2]+1$$
$$= 2 \times (2+5+2)+1$$
$$= 2 \times 9+1 = 19$$

在四则运算中，有括号的话要先算括号里的部分。括号有大括号“{ }”、中括号“[ ]”和小括号“( )”3 种。当多种括号混合时，先从最里面的括号开始算。

数与式的小故事：0 的发现改变了世界！

我们都知道可以用Ⅰ、Ⅱ、Ⅲ等罗马数字和 1、2、3 等阿拉伯数字来表示数量的多少或顺序等，比如土地面积、大米和小麦的产量、水的多少、家里几口人、村里多少人、捕获了多少猎物，等等。当人类还在农村过着集体生活时便已经离不开数字了；后来，随着商业的发展，数字进入了人们的账本中；再后来，产业革命推动了科学技术的飞速进步，数字的重要性也愈发凸显。

在古印度计数法传入欧洲前，欧洲人是用罗马数字记数的。他们将数字一表示为Ⅰ，二表示为Ⅱ，三表示为Ⅲ，四表示为Ⅳ，五表示为Ⅴ，六、七、八、九分别表示为Ⅵ、Ⅶ、Ⅷ、Ⅸ，十表示为Ⅹ，五十表示为 L，一百表示为 C，五百表示为 D，一千表示为 M。例如 765，用罗马数字表示的话是 DCCLXV，的确比阿拉伯数字要复杂。

而阿拉伯数字之所以简洁，是因为人们发现了 0，有了 0 才有了我们现在习以为常的十进制。我们从小就学着用阿拉伯数字进行加减乘除的运算，任何人只要稍加练习都能很快掌握四则运算的方

0 的发现对数字系统有很大的影响，并使十进制系统更易于理解。

法，所以大概很难想象如果现在仍用罗马数字计算的话该有多么不便。

那为什么说 0 这一概念是我们进行复杂运算的基础呢？如果没有 0 的话，该是怎样的状况呢？让我们来思考一下。现在我们可以用阿拉伯数字 10 来表示 10 个 1，用 100 来表示 10 个 10；某一位没有数的时候可以用 0 补上去，所以通过观察阿拉伯数字有几位数，我们就可以大概判断数的大小；但罗马数字不一样，它无法表示出数的位数。比如五百零三用罗马数字表示是 DⅢ，而用阿拉伯数字表示则是 503；再比如两千零一十用罗马数字表示是 MMX，而用阿拉伯数字表示是 2010。显然，阿拉伯数字更一目了然。

罗马数字	Ⅰ	Ⅱ	Ⅲ	Ⅳ	Ⅴ	Ⅵ	…
阿拉伯数字	1	2	3	4	5	6	…

X =10　L=50　C=100　D=500　M=1000

⇩

765 用罗马数字表示为 DCCLXV

没有 0 的发现就不会有像 503 这样的表示方式。如果用“五百零三”或者“DⅢ”来表示的话，很难一眼判断出数字的大小。

数学小专栏 1

如何计算复利?

大家都知道在银行等机构中存钱会产生利息。利息是什么呢？利息在字典（《广辞苑》）里的意思是“债务人按照一定比例支付给债权人的作为货币使用费的金钱”，也称利钱。我们经常会在国家金融政策新闻里听到“提高 / 降低法定利率”之类的话。

中世纪以后，随着商业的发展，出现了债务人（借钱的人）和债权人（把钱借给别人的人）。如果读过莎士比亚的喜剧《威尼斯商人》的话，你就会知道意大利是中世纪有名的商业中心。的确，在当时，数学是一门普通市民都必须掌握的实用技能。

你可能又觉得奇怪了：这本书不是讲数学的吗？为什么要提历史和经济呢？现在看来，数学好像是一门与主流大众格格不入的、艰难晦涩的学科。确实，从古希腊时期开始，毕达哥拉斯学派成员们口中的数学就已经是一门和哲学密不可分的“高大上”的学问了；但同时，数学又有其平易近人的一面，利息的计算就是一个很好的例子。

利息的计算方法有两种：一种是只针对本金的“单利计算法”；另一种是每年都将上一年的本金与利息相加，重新算作下一年的本金的“复利计算法”。假设将 a 日元以年利率 r 存入银行，根据复利计算法，本金和利息的总额在 1 年后是 $a(1+r)$、2 年后是 $a(1+r)^2$、3 年后是 $a(1+r)^3$……以此类推，本金和利息的总额成等比数列增加。例如，将 100 万日元以年利率 2% 存 7 年，7 年后你将获得：$1000000\times(1+0.02)^7=1000000\times1.02^7\approx1149000$（$1.02^7$ 约等于 1.149），即 114.9 万日元。

式子是什么？

数学中的式子指什么？

《大辞林》（译者注：一本日语词典）中对“式子”（译者注：日语称“数式”）是这么定义的：“式子是指用符号把表示数或量的数字和字母等连接起来，使其具有数学意义的东西。”

算术题和数学中使用的式子不胜枚举。比如从小学低年级我们就开始算 6+3×4=18 这样的题，还会学求图形面积的公式，例如，“三角形的面积等于底乘高除以 2”“长方形的面积等于长乘宽”“圆形的面积等于半径乘半径再乘 3.14（π）”。另外，像高中学的求解二次方程的公式也算是一种式子。

用过计算机的人都知道 Excel 这个软件吧，Excel 表格的计算功能也是利用一些固定的数学公式来实现的，公式的使用大大提高了计算机的运算速度。我会在第 3 章中具体介绍一些常用的公式。

其实，数学式子不仅广泛应用于数学和物理学科，甚至在经济学等领域也屡见不鲜，可以说生活中处处可见式子的影子。例如，我将在本书里讲到的三角函数、微积分等都和我们的生活密不可分。

式子和我们形影不离，只要我们用一双善于发现的眼睛去观察，联想我们学过的数学知识，就能切实感受到数学的奇趣。

小学所学的图形面积公式

三角形	长方形	圆形

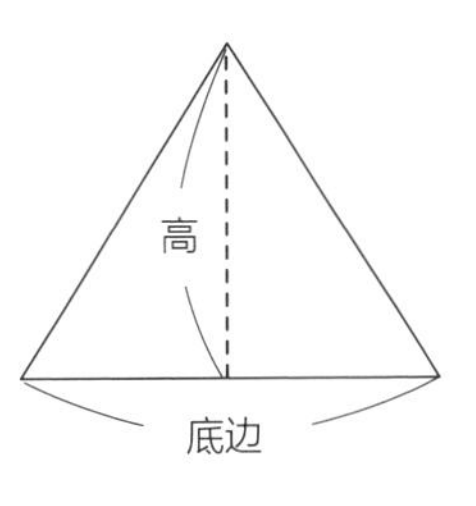

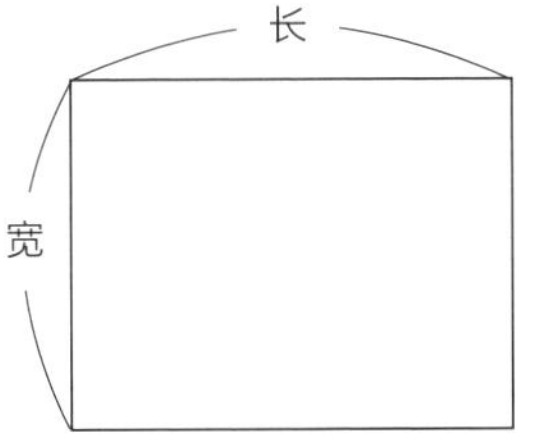

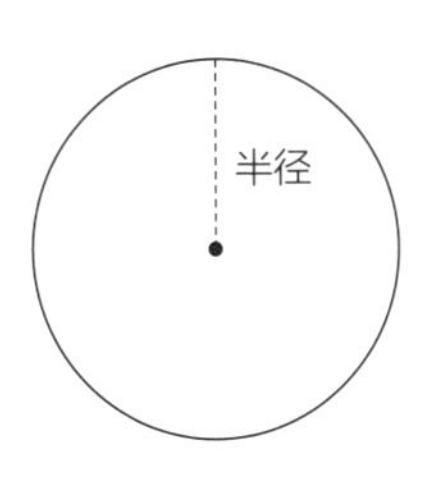

底 × 高 ÷2	长 × 宽	半径 × 半径 ×3.14

根据以上公式能分别求出图形的面积

初中和高中所学的求二次方程的解的公式

$$x=\frac{-b\pm\sqrt{b^2-4ac}}{2a}$$

我们从小学就开始接触各式各样的数学式子。式子和我们的日常生活已经密不可分。

数学速记

我们是从小学的算术题开始学习数学式子的。式子种类繁多，从最简单的四则运算到大学数学、物理学、统计学、经济学等，各个领域都会出现式子的影子。

数学中的符号指什么？

举个最简单的例子，我们使用 +、−、×、÷、= 进行四则运算，+、−、×、÷、= 就是我们所说的数学符号。其中 = 为等号，除此之外，小学还学过 > 和 < 这样的不等号。

在数学世界中，除了刚才所说的 +、−、×、÷、= **以外，还有许许多多各式各样的符号**。比如其中很有名的 π，也就是圆周率，也是数学符号的一种。

进入初中，我们将学到 $\sqrt{\ }$（平方根），以及 ∠（角）、⊥（垂直）、θ（角度）、≌（全等）、//（平行）等几何学符号。

而上高中以后学的数学符号就更复杂了，有像 sin、cos、tan 这样的三角函数符号，还有表示对数的 log，表示极限值的 lim，以及在数列中使用的 ∑，等等。另外，在积分中还会出现 ∫ 这样的符号。

离开学校进入社会以后，大家可能很少再有机会学数学了。但没关系，我会在第 2 章中对每一种符号的用法进行详细介绍，借此机会，让大家把那些上学时没搞懂的数学符号彻底搞明白。其实，小学和初中的数学知识是学习高中数学的基础，对数学这门学科来说，只要基础打得够坚实，学起来就不会太难。

小学所学的主要数学符号

+	−	×	÷	=	＞＜
（加）	（减）	（乘）	（除）	（等号）	（不等号）

初中所学的主要数学符号

$\sqrt{\ }$（平方根）∠（角）⊥（垂直）π（圆周率）
θ（角度）　≌（全等）//（平行）

高中所学的主要数学符号

sin（正弦）cos（余弦）　tan（正切）
log（对数）lim（极限值）∑（求和）∫（积分）

式子离不开数学符号

活跃于 17 世纪的德国数学家莱布尼茨曾创造了多达 200 个数学符号。有资料显示，在当时他就已经提出过二进制。

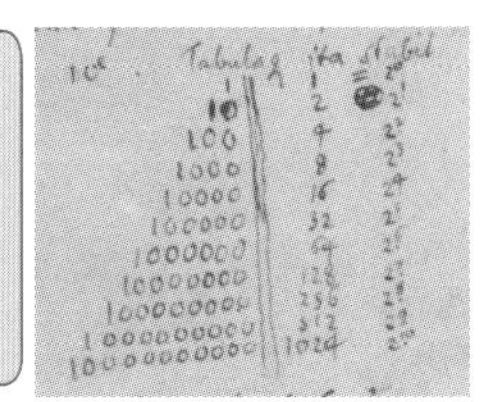

▲关于二进制的记述

就像日语中有专门的汉字、平假名、片假名一样，数学领域也使用其特有的 +、−、×、÷ 这样的数学符号。一个不懂汉字的人很难读懂文章，同样，不懂数学符号的人也很难“读懂数学”。

式子和经济、日常生活息息相关

大家应该经常听到电视新闻里的“2018年日本国内生产总值（Gross Domestic Product，GDP）将达到××兆日元”“经济增长率与前年相比增长了百分之××”或者“本日日经平均股价为××日元”等说法。

实际上，上面提到的每种指标都是按照特定公式计算出来的。像“日经平均股价”“东证股价指数（Tokyo Stock Price Index，TOPIX）”“GDP”“经济增长率”等都是经济学的重要指标，这些指标在预测经济走向方面意义重大，与我们的日常生活也息息相关，我将在第4章中一一介绍这些指标的计算方法。另外，我还会介绍与饮食相关的“恩格尔系数”、表征人体受环境温度和湿度综合影响的“不适指数”的求法。还有像光速、音速、地震烈度、震级等一些生活中常见但却很少有人知道怎么计算的指标，我也会在第4章中做具体介绍。

总之，式子的应用广泛，绝不单单局限于数学领域，它已经融入了我们每个人的日常生活中，所以我们有必要留意一下生活中随处可见的数值到底是怎么算出来的。时间也好，温度也罢，我们无时无刻不被数字包围，我们的情绪、感觉也随着这些数字不断变化。生活不可一日无数字。

经济中的数学式子

日经平均股价　TOPIX　GDP　经济增长率

以上指标都是根据特定公式算出来的

※ 我将在第 4 章中详细说明。

日常生活中的数学式子

不适指数　湿度　恩格尔系数

用具体数字表示和比较便于理解

※ 我将在第 4 章中详细说明。

十的负六次方是什么意思

“十的负六次方”指的是发生极危险事情的概率，即数字 0.000001。它的意思是大概 100 万年发生一次这样事情的概率，或者说 100 万人中，每年可能会有一个人被这样的事情所影响。

（引用自日本文部科学省资料）

数学速记

我们周围处处可见式子的影子。式子的出现大大提升了现代化社会的便利程度。式子不单单应用于数学领域。

初中式子面面观

在初中数学课上，我们开始学怎么用数字和字母来表示具体物品（如笔记本、铅笔、水果等）的数量。

比如，一本笔记本定价 90 日元，那么 y 本笔记本的总价就可以表示成 $90\times y=90y$。掌握了抽象式子（这里指代数式）的表示方法后，我们就开始学习一次方程和联立方程（关于这两种方程我会在第 3 章中展开解释）了。

同时，数字这一概念的范围也开始扩大。

刚开始学算术的时候，我们主要接触的是自然数（正整数和 0）；后来，我们知道了还有 –1、–2、–3 这样的负整数。不能用整数表示出来的数我们称之为分数（$\frac{a}{b}$，其中 a、b 为自然数且 b 不等于 0），分数和整数统称为“有理数”。像 0.333…，因为也能写成$\frac{1}{3}$，所以也是有理数；但像 π（3.14…）或者$\sqrt{3}$（1.732…）这样的不能写成分数的数字，我们将其称为无理数。

有理数和无理数统称为“实数”。

把数字的范围扩大之后，就可以求解一次方程和二次方程了。要想推导二次方程的求根公式，我们不仅需要了解什么是因式分解和无理数，还需要掌握抽象式子的计算方法。同样地，要想搞懂勾股定理，则必须掌握三角形、无理数以及二次方程等相关知识。只有基础打好了，才能一步步往上走。

日本初中数学教科书以 3 年为期限，按照一定顺序合理安排了教学计划，保证学生学完之后可以达到一定的数学水平（参照下一页的内容）。

初中数学所学的主要数学知识

①正数和负数　2、5、8、–2、–5、–8

②代数式　$5x-8+2x+2$、$(16x+8)\div4$、$2(x+3)-3(2x+1)$

③一次方程　$x+8=4$、$9-x=3+4x$、$5x-19=-3x+6$

④正比例函数和反比例函数

正比例函数：$y=ax$（a 为比例常数）

反比例函数：$y=\frac{a}{x}$（a 为比例常数）

⑤代数式的计算　$4(2x+y)-3(2x-4y)$、$ab+b\div ab^2$

⑥联立方程

$$\begin{cases}2x+y=10\\x-y=5\end{cases}$$

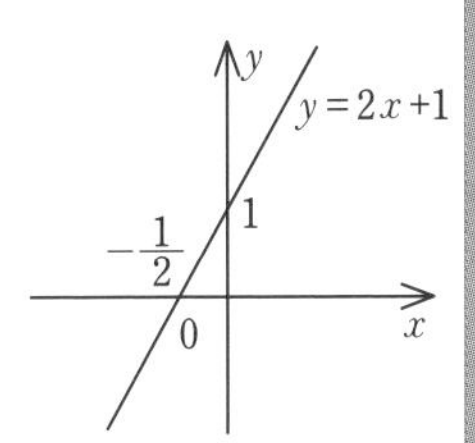

⑦一次函数　$y=ax+b$

ax：x 的 a 倍；b：常数

⑧平方根的计算　$\sqrt{2}\times\sqrt{5}$、$\sqrt{3}\times(\sqrt{6}+\sqrt{3})$、$\sqrt{24}-\sqrt{12}+\sqrt{5}$

⑨整式乘法（因式分解）

$(x+a)(x+b)=x^2+(a+b)x+ab$

$x^2+x-6=(x+3)(x-2)$

⑩二次方程　$ax^2+bx+c=0$

二次方程的求根公式为 $x=\dfrac{-b\pm\sqrt{b^2-4ac}}{2a}$

⑪ 二次函数　$y=ax^2$

⑫ 勾股定理　$a^2+b^2=c^2$

初中数学知识流程图

初一：①正数和负数→②代数式→③一次方程→④正比例函数和反比例函数

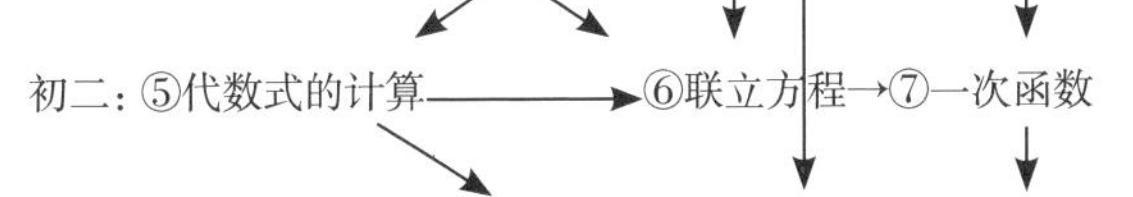

初二：⑤代数式的计算→⑥联立方程→⑦一次函数

初三：⑧平方根的计算→⑨整式乘法→⑩二次方程→ ⑪ 二次函数

（因式分解）

初三（几何）：　⑫ 勾股定理

高中式子面面观

数列、三角函数和微积分可谓是高中数学知识的“三巨头”。其中，高中会学到的数列基本都是自然数的组合，整齐划一，具有一种神奇的美感。就像小时候解字谜一样，当我们从这些排列整齐的数字中发现某种规律的时候，喜悦感也会油然而生。我们高中会学到等差数列、等比数列、差分数列以及数列的求和公式。在学数列求和的时候就会碰到$\sum$这个符号，相信很多人就是从此时开始觉得“数学真难”的吧。

而三角函数是基于勾股定理推导出的函数，进行推导的出发点是直角三角形的边长之比，然后利用单位圆将直角三角形的边长之比进一步拓展开来，进而证明了正弦、余弦、正切的相互关系。

然后再由直角三角形延伸到一般三角形，进入正弦和余弦定理的学习。这里要提醒你注意，其实在学习正弦定理和余弦定理之前我们学的都是关于“比”的知识，而非函数，在引入画弧法之后，才正式进入三角函数的学习。因为三角函数可以用图表示，所以我们又开始研究三角函数图像。$y=\cos\theta$ 和 $y=\sin\theta$ 的函数图像曲线优美，吸引了很多人。

最后再说微积分。其实因为微积分与我们身边的很多问题密切相关，所以虽然计算有些复杂，却很容易理解，比如我们可以从自然界中物体下落或者滚下斜面的速度变化中发现微积分的影子。**虽然我们是先学微分再学积分的，但是历史上积分的诞生要早于微分**（详见第 86 页）。

与数列、三角函数、微积分相关的主要式子

①等差数列的通项公式、等差数列的和：

首项为 a、公差为 d 的等差数列 $\{a_n\}$ 的通项公式：$a_n=a+(n-1)d$

设首项为 a、公差为 d、项数为 n、末项为 L 的等差数列的和为 S_n，则

$$S_n=\frac{1}{2}n(a+L)=\frac{1}{2}n\left[2a+(n-1)d\right]$$

②等比数列的通项公式：

首项为 a、公比为 r 的等比数列 $\{a_n\}$ 的通项公式：$a_n=ar^{n-1}$

③差分数列：

将数列 $\{a_n\}$ 的差分数列表示为 $\{b_n\}$，则当 $n\geqslant 2$ 时，$a_n=a_1+\sum_{k=1}^{n-1}b_k$

④三角比：

如右图，在直角三角形 ABC 中，$\sin A=\frac{a}{c}$，$\cos A=\frac{b}{c}$，$\tan A=\frac{a}{b}$

⑤正弦定理：

设△ ABC 的外接圆半径为 R，则 $\frac{a}{\sin A}=\frac{b}{\sin B}=\frac{c}{\sin C}=2R$

⑥余弦定理：

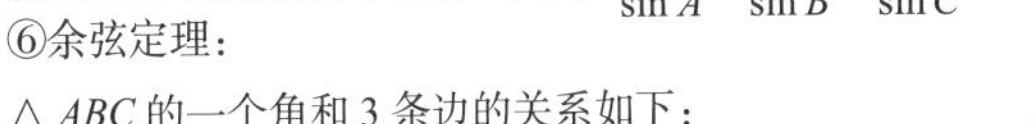

△ ABC 的一个角和 3 条边的关系如下：

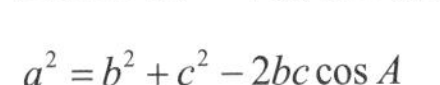

$$a^2=b^2+c^2-2bc\cos A$$

$$b^2=c^2+a^2-2ca\cos B$$

$$c^2=a^2+b^2-2ab\cos C$$

⑦三角函数的相互关系：

$$\sin^2\theta+\cos^2\theta=1$$

$$\tan\theta=\frac{\sin\theta}{\cos\theta}$$

$$1+\tan^2\theta=\frac{1}{\cos^2\theta}$$

⑧导数的定义：

$$f'(x)=\lim_{h\to 0}\frac{f(x+h)-f(x)}{h}$$

⑨ x^n 的导数：

n 为正整数，$(x^n)'=nx^{n-1}$，例如，$(x^3)'=3x^2$

⑩ x^n 的不定积分（n 为常数且 $n\neq -1$）：

$$\int x^n\mathrm{d}x=\frac{1}{n+1}x^{n+1}+c$$

例如，$\int 3x^2\mathrm{d}x=3\times\frac{1}{3}x^3+c=x^3+c$（请留意一下⑨和⑩的关系）

⑪ 定积分：

$$\int_a^b f(x)\mathrm{d}x\left[F(x)\right]_a^b=F(b)-F(a)$$

数与式的小故事：阿拉伯数字和十进制让数学“飞入寻常百姓家”

十进制是指用10个基本符号（如阿拉伯数字0、1、2、3、4、5、6、7、8、9）来表示所有数字（量和顺序）且满十进一的方法。如果不采用十进制这种方法，我们可以把数字想象成一个个小方块，比如用□来表示1的话，2就是□□，5就是□□□□□，9就是□□□□□□□□□，10就是□□□□□□□□□□，如何？是不是挺麻烦的？但以阿拉伯数字0～9表示十进制数的方法就不一样了，无论多大的数，都能用这10个最简单的阿拉伯数字简明易懂地表示出来，比如216不读作“二一六”，因为2在百位上，1在十位上，6在个位上，所以2指的是两个一百，1是一个十，6是六个一，所以应该读作“二百一十六”。

如果不用阿拉伯数字，而是用刚刚提到的小方块“□”来表示数的话，216个小方块占据的纸面和书写量也未免太大了；同样地，用罗马数字来表示的话，虽然可以简短地表示成CCXVI，但是总觉得不够方便也不够直观，达不到阿拉伯数字那种扫一眼有几位数就能知道大小的表现效果（顺便提一下，罗马数字中的C是一百，X

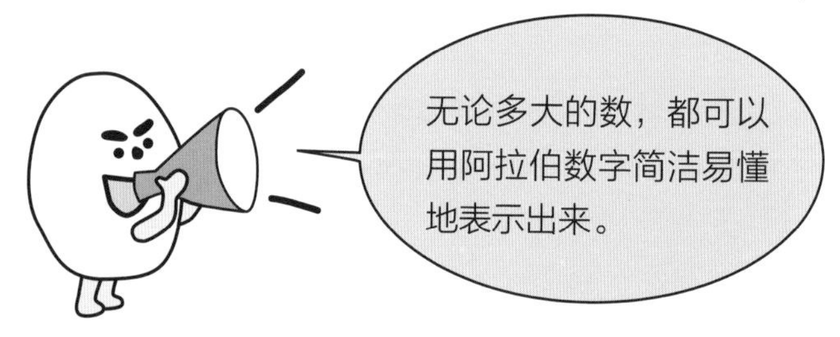

是十，V是五，I是一。详见第16页）。

有记录显示，早在8世纪时，人们就已经开始使用印度计数法，这种计数法首先在阿拉伯地区传播，然后于13世纪左右传入欧洲。还记得我在上一个数学小专栏中提到的莎士比亚喜剧《威尼斯商人》中的账本吗？当时一部分账本还是用罗马数字写的。

因为罗马数字用CC表示二百，所以单凭符号的位数很难马上判断出数字的大小，十进制阿拉伯数字则很好地弥补了这一不足。不仅如此，在进行加减乘除计算时，用十进制阿拉伯数字也比用罗马数字方便得多。

随着印刷术（11世纪左右，毕昇发明了活字印刷术）和商业的发展，17世纪以后，印度计数法的十进制法以欧洲为中心迅速传播开来。

用小方块表示216太费劲啦！

以阿拉伯数字表示的十进制计数法用0、1、2、3、4、5、6、7、8、9这10个符号来表示所有数字（包含量和顺序等信息）。而如果用小方块“□”来表示数字的话，则□是1，□□是2，□□□□□是5，□□□□□□□□□是9，□□□□□□□□□□是10，等等。

费时费力

我们已经对十进制习以为常。难以想象如果没有十进制，现代生活会有多么不方便。

数与式的小故事：和生活密不可分的进制

关于计数法，我还想再多说两句。

首先让我们一起复习一下十进制吧。

十进制的计数规则是 10 个 1 是 10，10 个 10 是 100，10 个 100 是 1000……其中，1 放在个位上，10 放在十位上，100 放在百位上，1000 放在千位上，每满十就进一，不断向上进位。例如用十进制来表示 2345 这个数（详见下页方框中的式①）。

除十进制以外还有二进制。

二进制只用阿拉伯数字 0、1 来表示数。请看下页方框中的式②，我把二进制和十进制的表示方法进行了对比，数字右下角的小括号里写了 2 的，代表这是一个用二进制表示的数。

我们可以看出，虽然用二进制也可以表示很大的数，但与十进制相比，数字所占的位数显然多得多。虽然我在下页只列出了 1 到 8 的二进制写法，但可以想象到若要把更大的数字用二进制表示出来得有多麻烦。十进制和二进制可以相互转换，比如下页方框中的式③，我把二进制数 11101 用十进制表示出来了。

这样看来，我们现在习以为常的数字表示方法其实经历了一个不断改良和选择的过程。

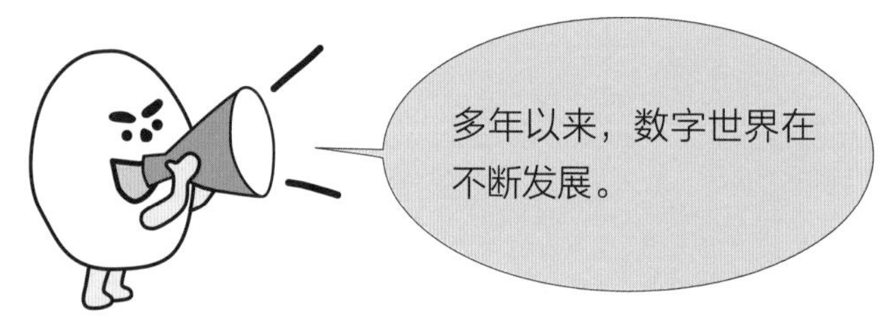

当然，还有五进制。

五进制是用 0、1、2、3、4 这 5 个数字来表示数的进制，这一点和二进制很像（详见本页方框中的式④）。以此类推，别的进制也是一样的。

其实，二进制是非常重要的。初中和高中数学课上学习各种进制，是为了让我们更好地理解二进制。因为如今是网络时代，人工智能的前景不可限量，而计算机使用的就是二进制——计算机是用二进制来实现推演计算的。在计算机的世界里，例如 7+5 这个简单的式子，要用二进制表示成 $111_{(2)}+101_{(2)}=1100_{(2)}$，然后再将二进制的计算结果换算成十进制，也就是 12。计算机的计算要经过“十进制→二进制→十进制”这么一个复杂的转换过程，这对我们人类来说可能稍显复杂，但对计算机来说却是小菜一碟。

【式①】$2345=2\times10^3+3\times10^2+4\times10^1+5\times10^0$（$10^0=1$）

【式②】$1\rightarrow1_{(2)}$、$2\rightarrow10_{(2)}$、$3\rightarrow11_{(2)}$、$4\rightarrow100_{(2)}$、$5\rightarrow101_{(2)}$、$6\rightarrow110_{(2)}$、$7\rightarrow111_{(2)}$、$8\rightarrow1000_{(2)}$、…

【式③】$11101=1\times2^4+1\times2^3+1\times2^2+0\times2^1+1\times2^0$（$2^0=1$）

如果用十进制表示的话，就是

$1\times16+1\times8+1\times4+0+1=29$

最后算出答案是 29。

【式④】$1\rightarrow1_{(5)}$、$2\rightarrow2_{(5)}$、$3\rightarrow3_{(5)}$、$4\rightarrow4_{(5)}$、$5\rightarrow10_{(5)}$、$6\rightarrow11_{(5)}$、$7\rightarrow12_{(5)}$、$8\rightarrow13_{(5)}$、$9\rightarrow14_{(5)}$、$10\rightarrow20_{(5)}$、$11\rightarrow21_{(5)}$、…

日常生活中最常用的是十进制，计算机用的是二进制，计算时间用的是十二进制或者六十进制。

初中数学题小挑战①

题目

现在需要把一些弹珠分给几个孩子，已知：如果一个孩子分6个的话还缺5个弹珠，如果一个孩子分4个的话还剩19个弹珠。求孩子的人数和弹珠的数量。

解法

假设有 x 个孩子，那么弹珠的数量分别可以表示成：

① $6x-5$（每人分6个的话少5个弹珠）

② $4x+19$（每人分4个的话多19个弹珠）

弹珠的数量不变，所以得到方程：$6x-5=4x+19$

解方程：$6x-4x=19+5$

$$2x=24$$

$$x=12$$

所以小孩一共有12人，弹珠一共有 $12\times6-5$（或者 $12\times4+19$）$=67$（个）。

答案 小孩12人，弹珠67个。

初中数学题小挑战②

题目

绫子从 A 地出发翻过一座山到距离 A 地 20 千米的 B 地去。从 A 地到山顶这段距离的速度为 3 千米 / 时，从山顶到 B 地的速度为 5 千米 / 时，一共花了 6 小时到达 B 地。求 A 地到山顶、山顶到 B 地这两段路分别有多长。

解法

根据题意作图如下（A 地到山顶的路程用 x 表示，山顶到 B 地的路程用 y 表示）。

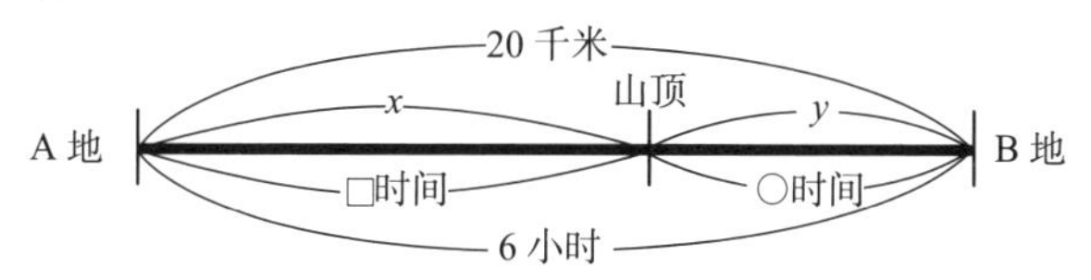

根据公式“速度 = 路程 ÷ 时间”可以推导出“路程 = 速度 × 时间”和“时间 = 路程 ÷ 速度”两个公式。又因为知道走完全程 20 千米一共花了 6 小时，所以可以得到如下两个式子：

总路程→ $x+y=20$

总时间→ $\frac{x}{3}+\frac{y}{5}=6$（因为从 A 地到山顶的速度为 3 千米 / 时，所以时间为 $\frac{x}{3}$；因为从山顶到 B 地的速度为 5 千米 / 时，所以时间为 $\frac{y}{5}$）

$$x+y=20$$
$$5x+3y=90$$

$$\begin{array}{r} 5x+5y=100 \\ -)\ 5x+3y=90 \\ \hline 2y=10 \\ y=5 \end{array}$$

$$20-5=15$$
$$x=15$$

答案 A 地到山顶的路程为 15 千米，山顶到 B 地的路程为 5 千米。

数学小专栏 2

为什么没有诺贝尔数学奖？

1901 年，根据炸药发明者阿尔弗雷德·贝恩哈德·诺贝尔遗嘱创建的诺贝尔奖首次颁发。诺贝尔在遗嘱中表示，希望炸药能为人类的和平做出贡献，而不要被当作破坏性武器——这是诺贝尔奖创建的初衷。

诺贝尔奖最初设有 5 个奖项，分别是物理学奖、化学奖、生理学或医学奖、文学奖、和平奖，1969 年瑞典银行又增设了经济学奖。但是，诺贝尔奖却唯独没有数学奖。这是为什么呢？对此，人们众说纷纭。

一种说法是，诺贝尔奖只为那些为世界做出贡献的人颁奖。还有一种说法是，因为瑞典的一位数学家莱弗勒抢走了诺贝尔的恋人，如果诺贝尔奖设数学奖的话，他的情敌也可能获奖，所以就没有设置数学奖。

第2章

数学中的符号

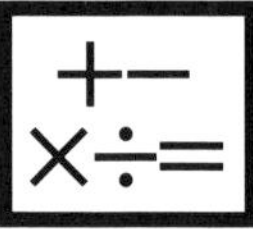

四则运算符号

上小学时我们最先学到的数学符号就是“+”“–”“=”了，然后是“×”和“÷”。

这几个符号在生活中很常用。四则运算符号不仅仅对数学界，也对我们的日常生活影响颇深。以 2+3=5 为例，因为有了数学符号，所以就不用写“2 加上 3 等于 5”这么复杂的句子了。

据说加号和减号的使用起源于航海。以前，船员们倒掉一部分水桶里的水时会画一个“–”，加了水时会画一个“+”，以示提醒。

乘号是英国数学家奥特雷德在其著作《数学之钥》(1631) 中首次使用的。

除号则是学者 J.H. 雷恩在自己的著作中进行计算时首次用到的符号。

另外，第一个用等号的人是数学家列科尔德。等号还有平行线的含义。

试着算一算。

① $6\times2+4\div2$　② $6\times(2+4)\div2$

解说

四则运算的顺序是先乘除，后加减，从左到右，有括号的先算括号里的内容。

① $12+2=14$

② $6\times6\div2=36\div2=18$

不等号

除了加减乘除的符号，我们小学也会学“$>$”“$<$”这样的不等号。比如，“$A>B$”的意思是 A 比 B 大，相反，“$A<B$”的意思则是 A 比 B 小。

类似地，还有“$\leqslant$”和“$\geqslant$”。“$A \geqslant B$”的意思是 A 大于或等于 B，“$A \leqslant B$”的意思则是 A 小于或等于 B。

我们来试着应用一下。假设 x 大于或等于 100 且小于 1000 的话，用不等号可以表示成“$100 \leqslant x < 1000$”；再例如，假设“$a \leqslant 100$”且“$a \geqslant 100$”，那么 a 就等于 100。

我们将使用不等号的式子称为不等式。不等式的两边同时加上或者减去一个数，不等号的方向不变，但如果两边同时乘以或者除以一个负数，不等号的方向就会改变。总之，不等式和方程（等式）不同，由于不等号的方向本身具有重要意义，并且在计算的过程中其方向会发生改变，所以需要特别关注。

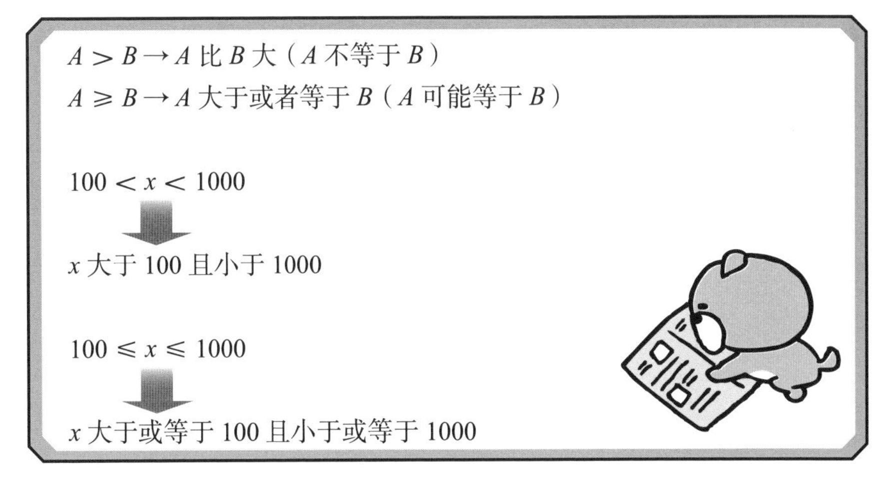

绝对值符号

一个数在数轴上所对应的点到原点的距离，叫作这个数的绝对值。

$\cdot\overset{(-)}{\cdot\cdot}\cdot 0\cdot\overset{(+)}{\cdot\cdot}\downarrow$，如箭头所示，该数字从原点 0 向右移动了 4 格，+4 的绝对值是 4，表示为 $|+4|$。相反，$\downarrow\overset{(-)}{\cdot\cdot}\cdot 0\cdot\overset{(+)}{\cdot\cdot}\cdot$ 这一箭头表示从原点 0 向左移动了 4 格，−4 的绝对值 $|-4|$ 也是 4。绝对值指的就是对应的点与原点之间的距离。

+4 是正数，−4 是负数。简单来说，取绝对值就是分别把它们的正负符号去掉，只留下 4，也就是 $|+4|$ 等于 4，$|-4|$ 也等于 4。

而 0 的绝对值就是 0。

绝对值有以下 4 条性质：

$$|-a|=|a|、|a^2|=a^2、|ab|=|a||b|、\left|\frac{a}{b}\right|=\frac{|a|}{|b|}\ (b\neq 0)$$

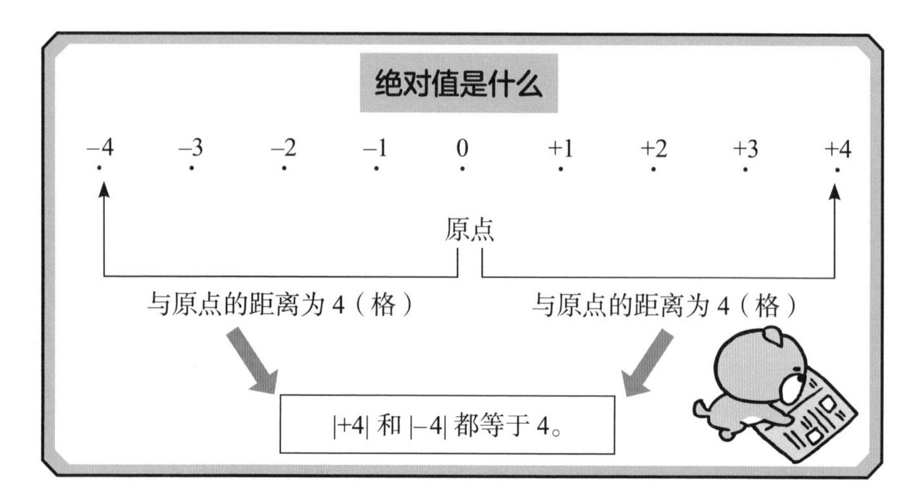

π 圆周率符号

圆周率是圆的周长与直径的比值，用希腊字母 π 表示。

圆周率不仅在数学界是一个非常重要的符号，在物理学和化学领域也有应用。**圆周率是一个不能被写作两整数之比的无理数**。

17 世纪著名数学家鲁道夫在圆周率的计算上取得了伟大的成绩——为了纪念他，在德国圆周率又被叫作鲁道夫数。他将圆周率的值精确到了小数点后第 35 位，即 3.14159265358979323846264338327950288…。

第一个用“π”来表示圆周率的人是莱昂哈德 · 欧拉（译者注：瑞士数学家、物理学家，近代数学先驱之一）。

注意，如果 π 不表示圆周率的话，则代表的是半径为 1 的半圆所对应的弧长。

圆周率的历史

4000 年前	古埃及	3.16
2200 年前	古希腊	$3\frac{1}{7}$
1500 年前	中国	$\frac{22}{7}$、$\frac{355}{113}$
200 年前	日本	小数点后第 41 位
100 年前	英国	小数点后第 707 位

现在利用计算机可以将圆周率的值精确到小数点后无限位。

平方根符号

如果一个数 x 的平方等于 a，我们就把 x 称为 a 的平方根。比如，2^2 等于 4，$(-2)^2$ 也等于 4，所以 2 和 -2 都是 4 的平方根。一个正数有正和负两个平方根，其中正的平方根写作$\sqrt{a}$、负的平方根写作 $-\sqrt{a}$。符号$\sqrt{\ }$是根号，$\sqrt{a}$读作“根号 a”。

0 的平方根是 0。另外，正整数 a 的平方根也不一定是正整数。

$\sqrt{10}$ 用小数表示是 3.162…，小数部分无限循环，是无限小数。常见的平方根为整数的数有 4、16、36 等。

刚才我们一起了解了二次方（即平方），$\sqrt{a}$的二次方是 a，那么举一反三，$\sqrt[n]{a}$代表什么呢？道理是一样的，$\sqrt[n]{a}$的 n 次方也是 a，所以$\sqrt[n]{a}$**就是 n 次方运算结果为 a 的数**。举个例子，$\sqrt[3]{8}$的三次方为 8，令$\sqrt[3]{8}=x$，即 $x\times x\times x=8$，因为 $2\times 2\times 2=8$，所以 $x=\sqrt[3]{8}=2$。

常见的平方根

$\sqrt{2}=1.41421356\cdots$

$\sqrt{3}=1.7320508075\cdots$

$\sqrt{5}=2.2360679\cdots$

$\sqrt{6}=2.4494897\cdots$

$\sqrt{7}=2.64575\cdots$

$\sqrt{10}=3.162277\cdots$

图形特征符号

下面介绍一些用来表示三角形等几何图形的特征的符号。

首先是“△”，这个符号代表“三角形”。例如下面方框中图 1 里的三角形，可以用这个符号记作△*ABC*。

然后是“≌”，代表三角形全等。

两个三角形全等的条件有：

（1）三边对应相等；

（2）两边及其夹角对应相等；

（3）一条边及其两端的角对应相等。

满足上述任意一条，则可判断两个三角形全等，如下图 1。

“⊥”**表示垂直**。如下图 2，直线 *AB* 和直线 *CD* 垂直，可以记作 *AB* ⊥ *CD*。

“//”**表示线或者平面之间互相平行**。如下图 3，直线 *AB* 和直线 *CD* 平行，可以记作 *AB*//*CD*。

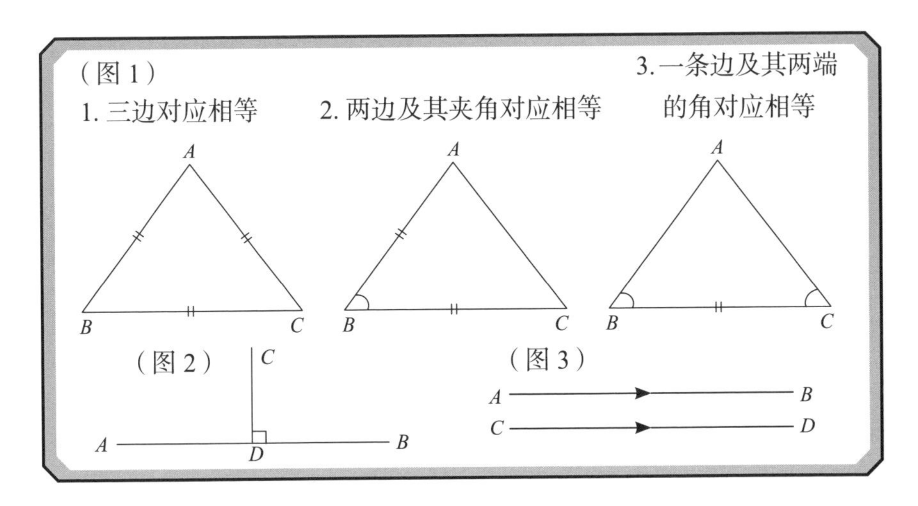

$\angle\theta\backsim$ 图形角度符号

下面介绍一些跟几何图形有关的符号。

“$\angle$”**代表角，比如可以写成**$\angle ABC$。**“θ”代表角的大小**（主要用在三角函数里）。

证明多边形性质时经常需要用到角度，比如初中数学学的“相似”。如下面方框中所示的三角形可记作$\triangle ABC$和$\triangle DEF$，这两个三角形相似的条件是：

（1）三边对应成比例；

（2）两边对应成比例且夹角相等；

（3）两角对应相等。

满足上述任意一条，则可判断两个三角形相似。相似用符号“$\backsim$”表示，比如$\triangle ABC$和$\triangle DEF$相似，可以记作$\triangle ABC\backsim\triangle DEF$。

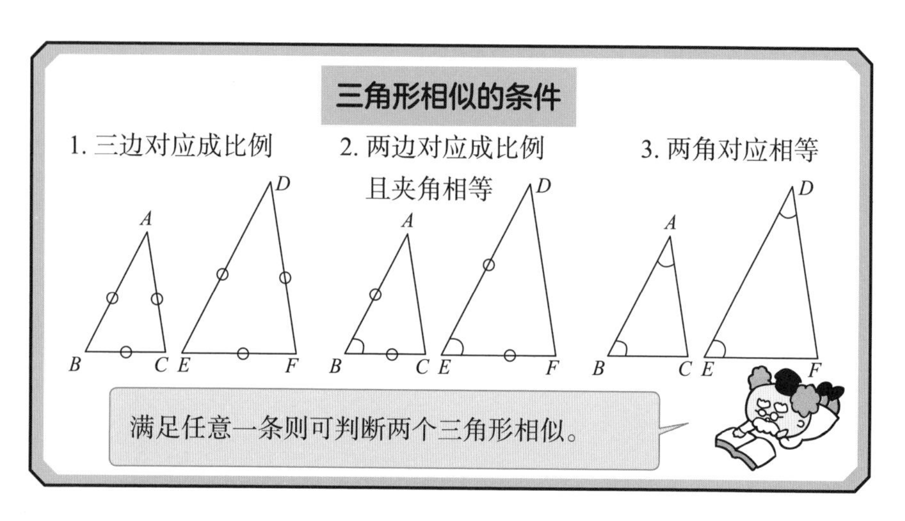

sin cos tan

三角比符号

三角函数是高中数学的内容，很多人一听三角函数就觉得难，但其实三角函数与我们的日常生活联系密切。

关于三角函数我在第 3 章中会展开做详细说明，在这里先简单介绍一下“sin、cos、tan”的含义。

sin、cos、tan 分别是 sine、cosine、tangent 的简写，读音参照英语读音。

最初提出三角比的是古希腊哲学家泰勒斯。关于泰勒斯还有个著名的故事。据说他发现如果能确定直角三角形的一个角，那么在此基础上画出的所有三角形都相似，他还用这一原理测量了金字塔的高度。△*ABC* 之间存在 3 种相互关系，利用这种相互关系能够对测量不到的地点进行推测。正弦定理和余弦定理也是由三角比推导出来的（详见第 78 页）。甚至如果知道三角形三边的长还可以算出三角形的面积（海伦公式）。三角比是三角函数的起源。

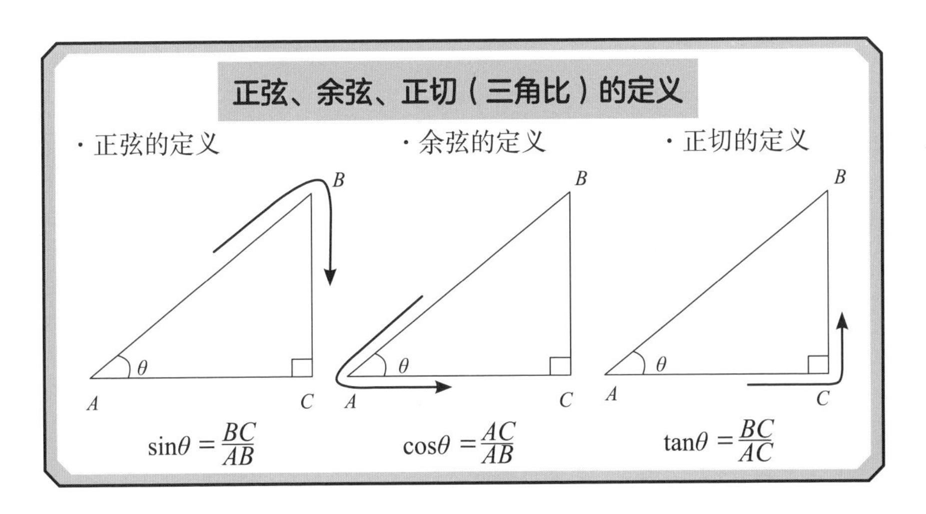

∫ 积分符号

微积分是高中数学非常重要的内容之一，大家肯定都知道微积分这个名字，但我猜很多人已经不记得微积分具体讲的是什么了吧。其实微分和积分是两个不同的概念，微分能用来求曲线某一点的切线的斜度，积分能用来计算各种面积和体积。

虽然高中数学是先讲微分再讲积分的，但在数学史上积分的诞生却要早于微分。比如早在古希腊时期，数学家阿基米德就提出了“无限分割法”（又叫“穷竭法”），**即在求复杂图形的面积时，可以把图形分割成较小的部分，分别求其面积然后相加的方法**。而微分则是进入 17 世纪以后，由牛顿和莱布尼茨创立的。

积分能求曲线或直线围成的封闭图形的面积。用符号表示的话，就是“∫”。（关于微积分后面还会再做详细的解释。）

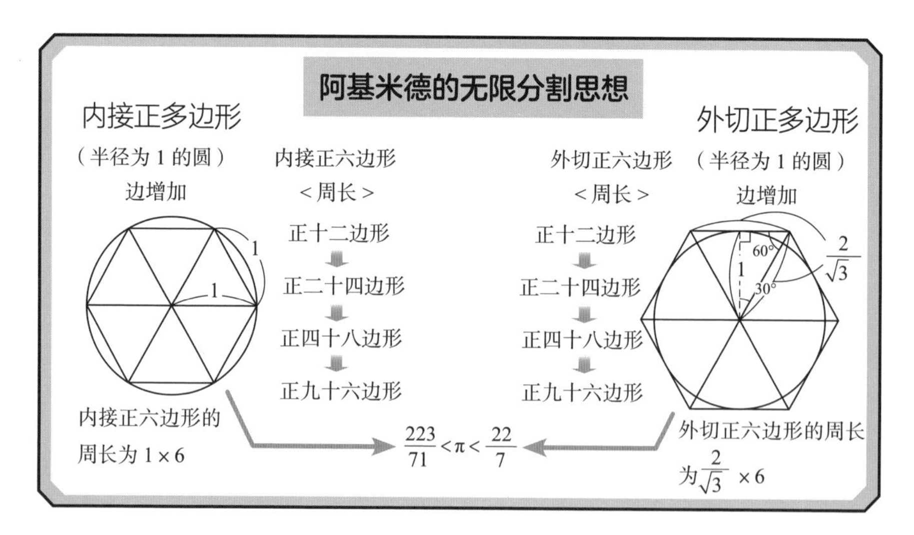

log 对数符号

“log”是对数符号。对数到底指什么呢？

让我们举例说明一下。比如，2 的 4 次方是 $2\times2\times2\times2=16$，可以写成 $2^4=16$，在这里我们就把位于 2 右上角的小 4 称为指数。指数代表累乘的次数，比如 3^6，就表示 3 与 3 相乘，乘了 6 次（6 个 3 相乘）。

像这样，如果 a 和 M 满足 $M=a^b$（a 为任意正实数且 $a\neq1$）的关系时，我们就把 b 叫作“以 a 为底的 M 的对数”。将这一关系用符号表示，就是 $b=\log_a M$。比如上文中的例子就可以表示成 $4=\log_2 16$，意思是以 2 为底的 16 的对数是 4。

再举个例子，比如 3 的 6 次方等于 729，可以写作 $6=\log_3 729$，意思是以 3 为底的 729 的对数是 6。

M 叫作 $\log_a M$ 的真数。对数 b 就是 a 累乘得到 M 所需的次数。

$\log_2 16$ ➡ 以 2 为底的 16 的对数是 4

⬇

$2\times2\times2\times2=16$ ⇨ 2 累乘 4 次（4 次方）等于 16

对数和指数的关系

$$\log_a M=b \Leftrightarrow a^b=M$$

$$(a>0 \text{ 且 } a\neq1,\ M>0)$$

Σ 数列中的符号

高中学数列时我们学过“∑”这个符号，它的英文名称是“sigma”，据说这个名字来源于腓尼基文字。

数列，如字面意思，就是由数字构成的列。比如“1、2、3、4、5、…”就是一个各个数字之间的差均为 1 的数列，“2、4、6、8、…”则是一个差为 2 的数列。像这样，如果一个数列中每一项与它前一项的差都为同一个常数，我们就把这个数列叫作等差数列。而像“2、4、8、16、32、…”这样，每一项与它前一项的比都为 2（或者是随便某个常数）的数列，我们则称之为等比数列。（后面还会对数列做详细说明。）

举个例子，1 到 10 的和（1+2+3+4+5+6+7+8+9+10=55）就可以用 ∑ 这个符号表示出来：

$$\sum_{k=1}^{n} k = \frac{1}{2}n(n+1) \to \sum_{k=1}^{10} k = \frac{1}{2} \times 10 \times (10+1) = 55$$

符号 ∑ 的含义

$$\sum_{k=1}^{5} k = 1 + 2 + 3 + 4 + 5 = 15$$

代入 k=2

代入 k=1

分别代入 k=3、4、5

∑这个符号可能开始不好理解，但是习惯了就会发现这个符号很方便！

lim ∞ 极限值、无穷大符号

"lim"是极限符号，源自拉丁文"limitem"，意为求自变量趋向于某个值时的极限。

例如，由自然数的倒数构成的数列 1、1/2、1/3、1/4、1/5、…、1/n。随着 n 的增大，1/n 无限接近于零，用 lim 来表示，可以写成 $\lim\limits_{n\to\infty}\frac{1}{n}=0$。在这个式子中，$n\to\infty$中的"∞"意思是"**无穷大**"，曾为微积分的发展做出巨大贡献的英格兰数学家约翰·沃利斯在其 1655 年的著作中首次使用了这一符号。不过，也有人说"∞"这个符号是由希腊文的最后一个字母 ω 演变而来的。

符号 lim 的含义

$$\lim_{n\to\infty}\frac{1}{n}=0$$

➡ 代入数字得到数列 $\frac{1}{1}$（1）、$\frac{1}{2}$、$\frac{1}{3}$、…、$\frac{1}{n}$ 无限接近于 0

$$\lim_{n\to\infty}n=\infty$$

➡ 代入数字得到 1、2、3、…、n 无穷大

! 阶乘符号

“!”是阶乘符号。它的含义很简单，比如 3! 的意思是 $3\times2\times1$，所以 3!=6；5! 的意思是 $5\times4\times3\times2\times1$，所以 5!=120。总结一下，就是 $n!=1\times2\times3\times4\times\cdots\times n$，即从 1 到 n 所有自然数相乘的积。阶乘符号在日常生活中并不常见，但在数学界应用广泛。

比如，在从一定个数的元素中取出指定个数的元素并进行排序时（排列），或者不考虑顺序，只是从一定个数的元素 X 中取出指定个数的元素时（组合），都会用到这个符号。后文中会做详细说明。

还记得我在本书的开头问大家的问题吗？ $12+4\times3$ 等于几？很多人回答 24，也有理科生回答 4!。如果不认识阶乘符号的话，可能会以为 4! 这个回答是错误的，其实不然。

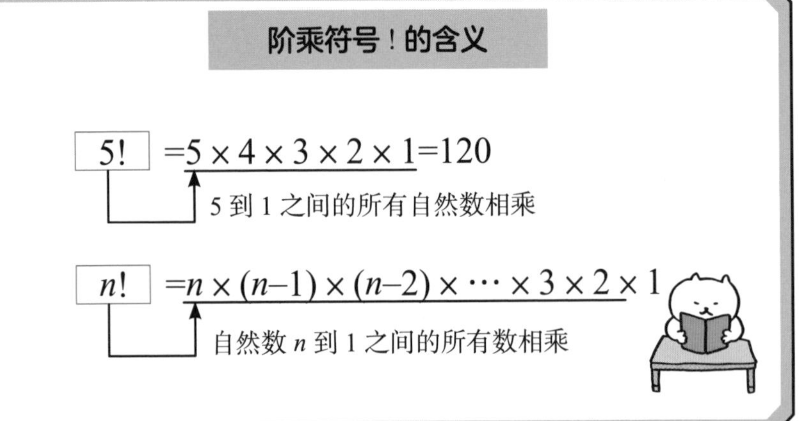

P_n^r C_n^r 求概率时使用的符号

“$\mathbf{P}_n^r$” 表示从 n 个元素中取 r 个元素并按照一定的顺序进行排序可能出现情况的总数。P 是 “permutation”（排列）的首字母。

比如，现有 A=1、B=2、C=3 共 3 张不同的卡片，从中任取两张按顺序排成一列，求有几种排列方式？这时就用到 P_n^r 这个符号。

$\mathrm{P}_n^r=n\times(n-1)\times(n-2)\times\cdots\times[n-(r-1)]$

因为 $[n-(r-1)]=n-r+1$

所以 $\mathrm{P}_n^r=n\times(n-1)\times(n-2)\times\cdots\times(n-r+1)$

上式中 $\mathrm{P}_3^2=3\times2=6$，所以有 6 种可能的情况。

“$\mathbf{C}_n^r$” 表示从 n 个元素中取 r 个元素可能出现情况的总数。C 是 “combination”（组合）的首字母。

在 C_n^r 的各种组合中有 $r!$ 个排列，即 $\mathrm{C}_n^r\times r!=\mathrm{P}_n^r$。

$$\mathrm{C}_n^r=\frac{\mathrm{P}_n^r}{r!}=\frac{n!}{r!(n-r)!}$$

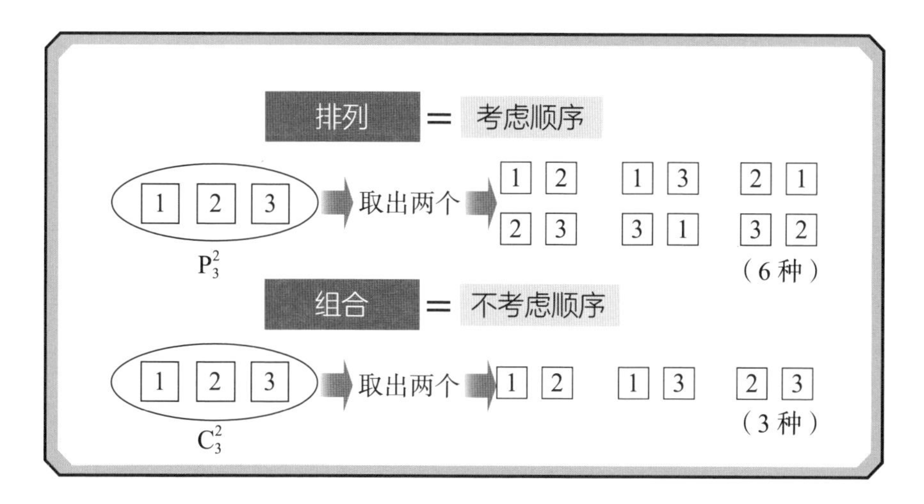

集合符号

数学中的集合指由具有某种特定性质的对象汇总而成的集体。我们把构成集合的这些对象称为元素。

集合可以是数的集合，也可以是文字、符号等的集合。

集合分为“全集”“子集”“交集”“并集”“空集”“补集”等类型。其中，子集用“$\subset$”“$\supset$”表示，交集用“$\cap$”表示，并集用与交集反方向的“$\cup$”表示，空集中不含任何元素，所以写成“$\varnothing$”。还有补集，我们把由属于全集 U 且不属于集合 A 的元素组成的集合称为集合 A 的补集，表示为 $\bar{A}$。

如果 a 是集合 A 中的元素，我们称 a 属于 A，写作 $a \in A$；如果 b 不是集合 A 中的元素，则写作 $b \notin A$。

集合符号及其含义

U	全集	包含所有元素的集合，写作 U
$A \subset B$	子集	集合 B 包含了集合 A
$A \cap B$	交集	集合 A 和集合 B 的公共部分
$A \cup B$	并集	属于集合 A 或集合 B
$\varnothing$	空集	不包含任何元素，读作 fai
$\bar{A}$	补集	不属于集合 A

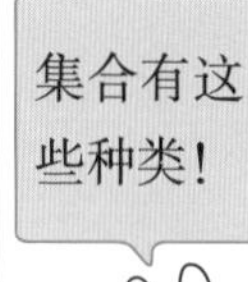

根据用途选择数学符号

数学中的符号多得让人眼花缭乱，但又正是这些复杂的符号让数学变得如此“平易近人”。

在小学，我们学四则运算时学习了+、−、×、÷，学不等式时学习了<、>。在初中，我们学几何图形的性质时学习了∠（角度）、△（三角形）、⊥（垂直）、≌（全等）、∽（相似），还学习了表示圆周率的π和表示平方根的$\sqrt{\ }$等。

以上这些符号我们多多少少都见过，但上高中以后学的符号就一下子变难了。

在高中学数列时，我们学习了∑、lim、∞等，学排列组合时又学了P_n^r、C_n^r、!，再然后又学习了微积分。

其实进入大学以后还会接触到许多新的数学符号，我在这里就不一一列举了，如果感兴趣可以自己查一查。

了解符号

（+、−、×、÷、= 等）

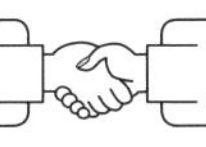

活用符号

（2+3=5、6÷3=2 等）

数学的发展大大方便了日常生活

学生时代讨厌数学的人很多，甚至认为数学毫无用处，但是我们的日常生活离不开数学！

数与式的小故事：代数式的使用促进了数学的发展

数学是一种符号游戏，数字式也好代数式也罢，本质上都是一些符号的组合。小学算术题中出现的主要是数字式，但到了初中会经常出现用字母表达的代数式。

假如现在要你在纸上表示出 3 个苹果你会怎么做呢？当然，最直接的方法就是在纸上画 3 个苹果🍎🍎🍎来表示苹果的数量是"3"。或者抽象一点，我们可以画□或○来代表苹果，这样就不用大费周章去画苹果了。如果用□表示一个苹果，那么 3 个苹果就是□□□；如果用○表示一个苹果，那两个苹果就是○○。□□□和○○分别代表苹果的数量"3"和"2"。

再假如，现在问你"买 3 个本子和 2 支铅笔要 650 日元，买 1 个本子和 1 支铅笔要 250 日元，求本子、铅笔的单价是多少"。这一类问题需要进行消元运算。在这里，我们把本子表示成○，铅笔表示成□，可以得到如下的式子：

○○○＋□□ =650　　　（a）

○＋□ =250　　　　　（b）

对比 a 和 b，为了使 b 式接近 a 式，所以我们试着将 b 式乘 2，

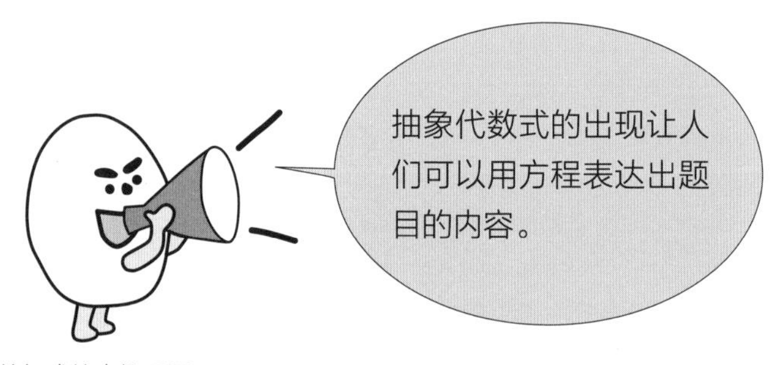

得到:

○○○＋□□ =650　（a）

○○＋□□ =500　（c）

这时可以发现 a 式和 c 式之间就差了一个○，所以○ =650−500=150，因为○＋□ =250，所以□ =250−150=100。

所以答案是：本子的单价是 150 日元，铅笔的单价是 100 日元。

同样地，如果用字母 x 和 y（x 是本子、y 是铅笔）来表示这个问题，就可以得到一个方程组。和用图形一样，用字母也可以抽象地表示出具体物品（如苹果、柿子等），而且比用图形更简洁明了。这类式子简洁明了的优点在进入函数的学习后就更突出了，比如初中学的一次函数就是用 $y=ax+b$ 来表示的。（后面会做详细说明。）

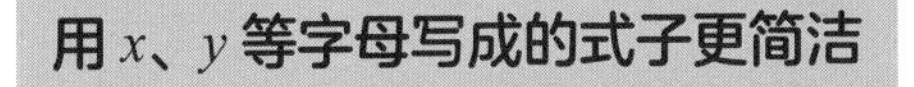

买 3 个本子和 2 支铅笔要 650 日元，买 1 个本子和 1 支铅笔要 250 日元，请问本子、铅笔的单价分别是多少？

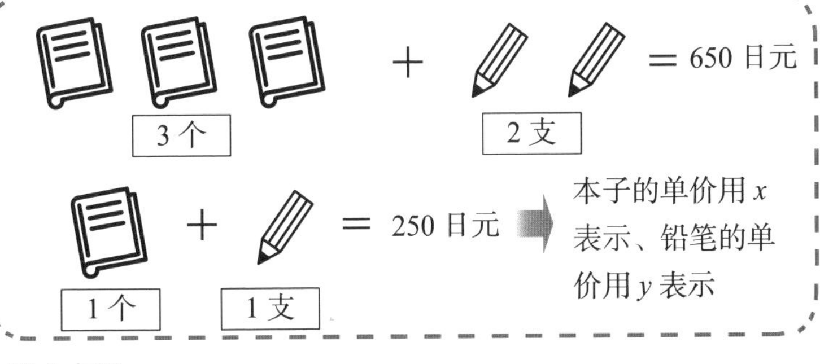

联立方程

$$\begin{cases} 3x+2y=650 \\ x+y=250 \end{cases}$$

解方程组得 $\begin{cases} x\text{（本子）}=150\text{ 日元} \\ y\text{（铅笔）}=100\text{ 日元} \end{cases}$

数与式的小故事：数学文献《莱因德纸草书》写了什么？

世界上最古老的数学文献是公元前 1650 年左右的《莱因德纸草书》，现藏于大英博物馆。虽然被称为“书”，但其实是写在一种由水生莎草科植物做成的纸草上的。据说是由古埃及书记官阿默斯所著，于 19 世纪被世人发现。从中，我们可以了解到 3700 年前的数学是什么样子的。

《莱因德纸草书》中记载了 87 个与算术和几何相关的问题，其中一些问题需要用方程解答。比如，问：“现有某数，该数本身加上该数的七分之一得到的和是 19，那么这个数是多少？”设该数为 x，则 $x+\frac{1}{7}x=19$，解得 $x=16.625$。

除了方程，这本书中还出现了和圆周率有关的问题，比如，问：“直径为 9 凯特（长度单位，1 凯特约为 52 米）的圆形土地的面积是多少？”书中的计算方法是“直径 9 减去 9 的九分之一是 8，然后 8 乘 8 等于 64”。这一方法的原理是，圆的外切正方形减去 4 个角得到的八边形的面积近似于圆的面积（参考下页方框中图 A）。

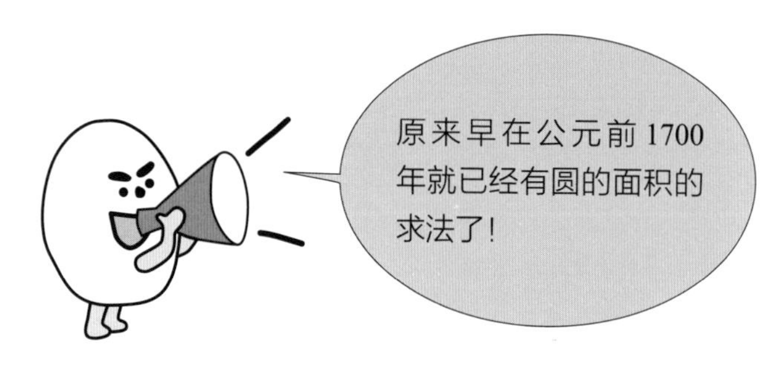

如果用圆周率算这个题，圆的直径为9，则半径是4.5，4.5×4.5×3.14=63.585，得到的答案很接近64。我们在前面也提到过古埃及人算出来的圆周率为3.16，已经很接近3.14了。

但这本书中也确实存在一些错误，我们也可以由这些小错误窥见一些当时古埃及人的想法。因为对错误进行反思也是进行数学研究的重要手段之一。（后面还会再做详细解释。）

这本书又叫《阿默斯纸草书》，前面说了，阿默斯是写这本书的古埃及书记官的名字。而莱因德，是发现这本书的英国学者的名字。

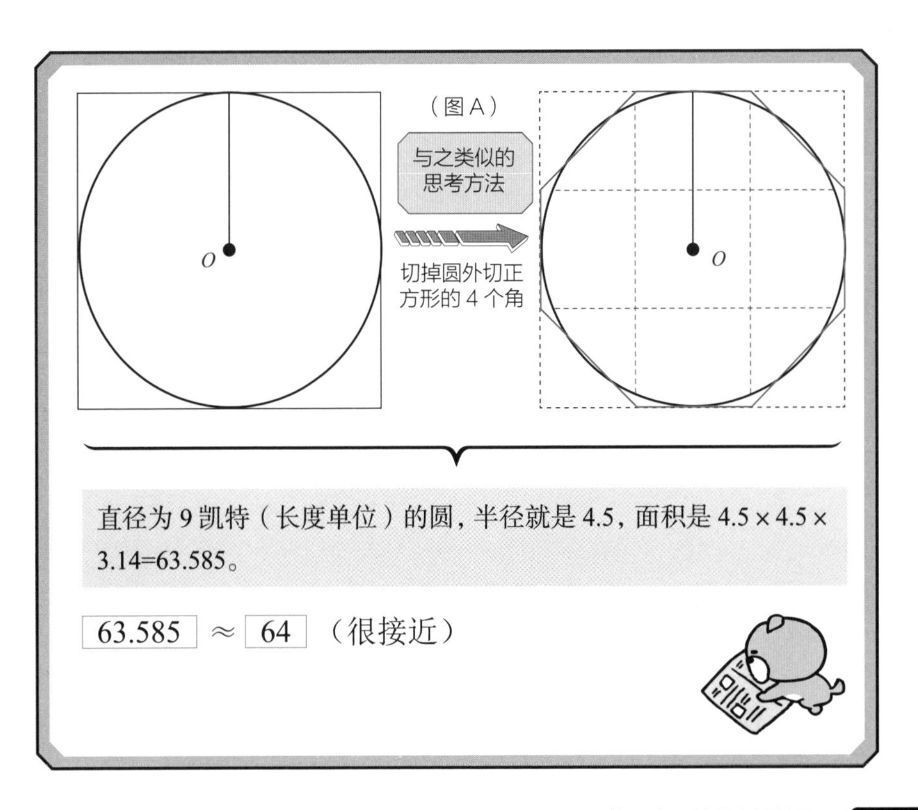

数学小专栏 3

让古希腊人如痴如醉的自然数和几何学

欧洲数学起源于古希腊。现在数学课本中的很多数学概念在古希腊时期就已经出现了。古希腊时期出现了一批伟大的数学家，比如初中学的“勾股定理”又叫“毕达哥拉斯定理”，毕达哥拉斯就是公元前 570 年左右的古希腊数学家，也是一位著名的哲学家。公元前 5 世纪到公元前 4 世纪，一些赞同毕达哥拉斯思想的人组成了毕达哥拉斯学派并活跃在世界舞台上。这一学派的人提出“世界的本源是数”，并发现了“毕达哥拉斯三元数”，即无数个满足 $x^2+y^2=z^2$ 这一条件的自然数组（x,y,z）。

同样著名的还有公元前 300 年的古希腊数学家欧几里得，他的著作《几何原本》集古希腊数学之大成。

毕达哥拉斯学派沉迷于对自然数的研究，而欧几里得则痴迷于研究物体、图形大小、星座位置的美感。欧几里得受公元前 1050 年到公元前 700 年左右的古希腊美术中的几何形状的影响很大，如今，仍有很多现代建筑使用了古希腊几何学中的图案。另外，我们还经常在一些中世纪教堂中看到这样的几何图案。

想到这些沉迷于数学的古代人，你是不是感觉数学和自己的生活又靠近了一点点呢？让我们再举一个身边的有趣的例子——“完全数”。这是一种神奇的自然数，它的所有因数（除了它自身以外）的和，刚好等于它本身。比如 28=1+2+4+7+14，28 就是一个完全数。

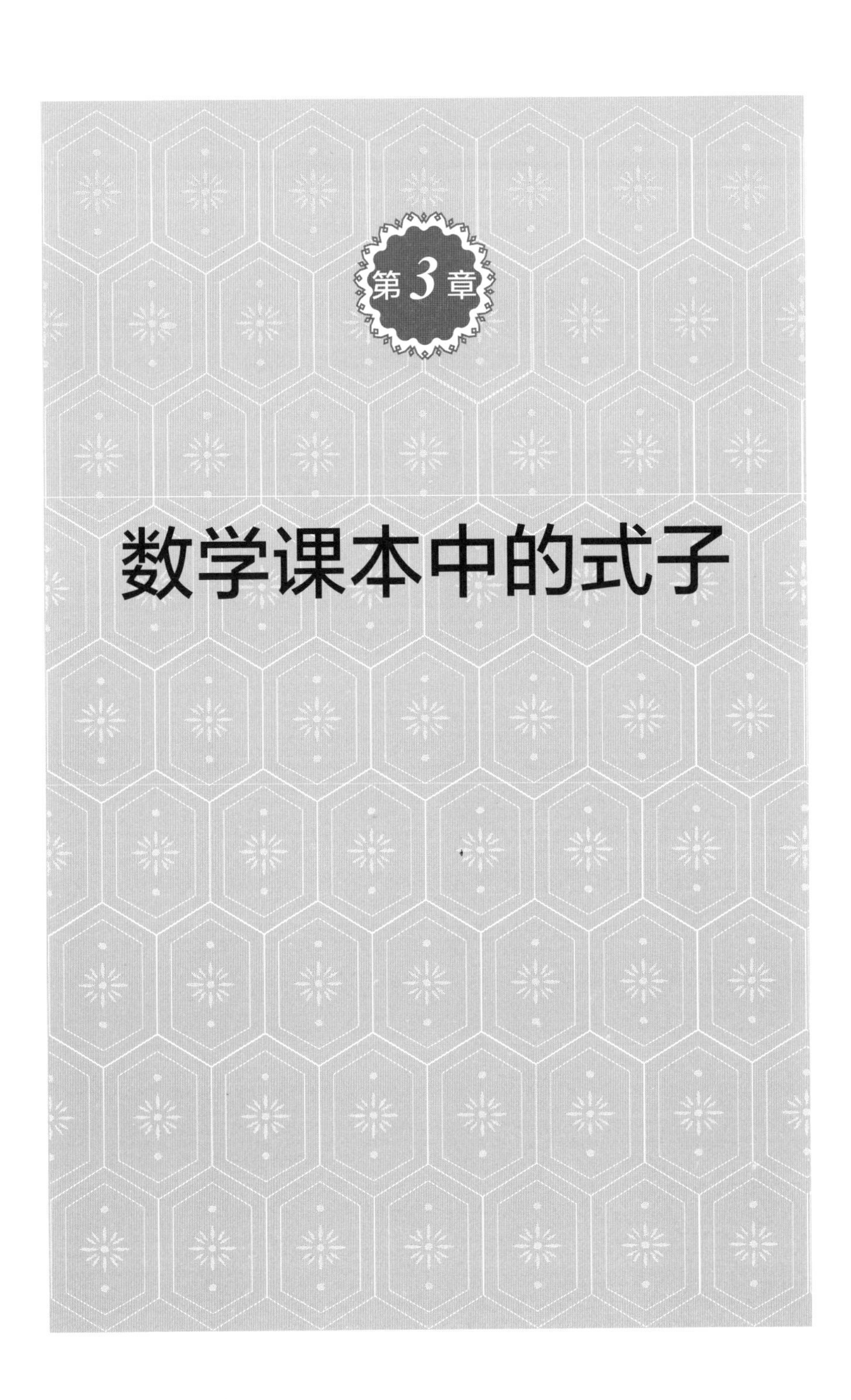

第3章

数学课本中的式子

实用的方程

为什么要学方程呢？很多人都有这个疑问。

以前学解算术题的时候都是拿具体的数字来计算的，比如一个苹果150日元，那么6个苹果就是6×150等于900日元。但到了初中，从第一学期的数学课开始就要学代数式。从此，出现在数学书中的不再是具体数字的计算，而变成了抽象符号的计算。其实我们学代数式是为了更好地理解方程的思想，方程非常实用，以前需要做图、画线段来解答的问题，现在用方程很容易就可以解决了。

为了更深入地理解方程的含义，你需要先了解等式的性质。而要了解等式，你又必须先了解抽象的代数式（主要是含字母的式子）。

“在价值50日元的箱子里放入6个250日元一个的蛋糕，总价值是多少？”用式子表示就是$250\times6+50=1550$。如果蛋糕的数量为未知数x，那么这个式子就变成了$250\times x+50=1550$，这就是方程。同样，如果不知道蛋糕的价格，那么也可以把蛋糕的价格设为未知数x（当然这样的情况在现实中基本不存在，因为去蛋糕店买蛋糕一定会知道蛋糕的价格和数量）。下面让我们再试着来思考一个更复杂的问题（详见下页图表）。

上手练一练

问题

现在要你去买苹果。已知，如果买 5 个苹果的话，带的钱还少 120 日元；买 4 个的话，就多了 80 日元。求一个苹果多少钱？带了多少钱？

如果不用方程的话，可以画线段图来帮助理解。

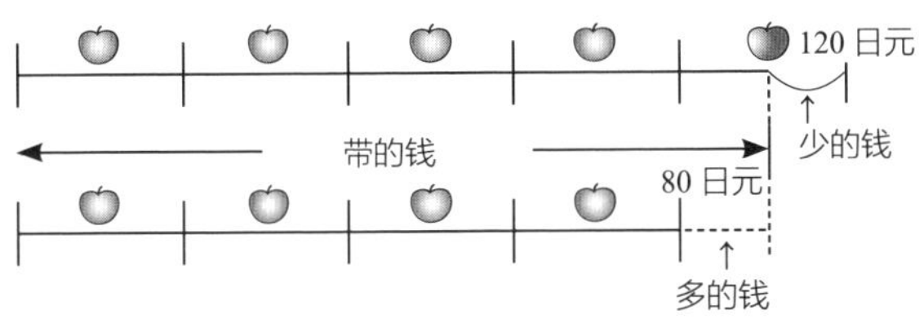

所以一个苹果就是 $120+80=200$（日元）

带了 $200\times4+80=880$（日元）

如果用方程解答的话可以表示如下。

设一个苹果为 x 日元，

那么

$5x-120$ → 带的钱 ⇒ 等号左边

$4x+80$ → 带的钱 ⇒ 等号右边

因为等号左右两边相等，所以可得方程

$5x-120=4x+80$

$5x-4x=120+80$

$x=200$

所以一个苹果 200 日元，带了 $200\times4+80=880$（日元）。

像这样列出方程来，只要计算不出错，就能得到正确答案。

“买 x 个 250 日元的蛋糕需要 1500 日元”，这句话用等式表示的话，就是 $250x=1500$，等号左边是 $250x$，右边是 1500。代入 $x=6$ 可以使等式成立，这个特定值 6 就是方程的“解”，这个过程就称为“解方程”。

读懂函数的变化

初中给的函数定义很简单：**“如果有两个变量 x 和 y，并且对于 x 的每一个确定的值，y 都有唯一确定的值与之对应，我们就把 y 叫作 x 的函数**。”

举一个身边的例子帮助理解。

小艾米以 4 千米 / 时的速度走了 x 小时，共走了 y 千米——**这句话用式子表示出来**就是 $y=4x$。当 $x=1$ 时，$y=4$；当 $x=2$ 时，$y=8$；当 $x=3$ 时，$y=12$。x 和 y 成一一对应关系（参照下页图表）。写成一般式就是 $y=ax$，y 和 x 成比例。**这时，y 和 x 是变量，a 是常数，在 $y=ax$ 这个式子中 a 被称为比例常数**。

在此之后我们学了一次函数：“对于两个变量 x 和 y，y 可以用 x 的一次式表示出来，这时 y 就是 x 的一次函数。”通常写作 $y=ax+b$，当 $b=0$ 时，$y=ax$。

y 随着 x 的变化而变化，只要明白这一点就很容易理解一次函数了，具体可以参照后面的图表。将 x 轴和 y 轴上的点相连，可以得到一条直线。比如在依据 $y=2x+1$ 这个函数所画的图中，2 为斜率，1 为函数在 y 轴上的截距，$y=2x+1$ 这个函数可以表示成一条直线。所以在 $y=ax+b$ 中，a 表示的就是这个函数的斜率，即“直线倾斜的程度”。

初二以前学的函数

$y = ax$　正比例函数　　$y = \frac{a}{x}$　反比例函数

（a：比例常数）

$y = ax + b$　一次函数

（b：常数部分；ax：和 x 成比例）

将数字分别代入上文提到的 $y=4x$（$x>0$）这个函数的 x 值，可以得到如下列表：

x	1	2	3	4	5	6	7	8	…
y	4	8	12	16	20	24	28	32	…

根据该列表作图如下。

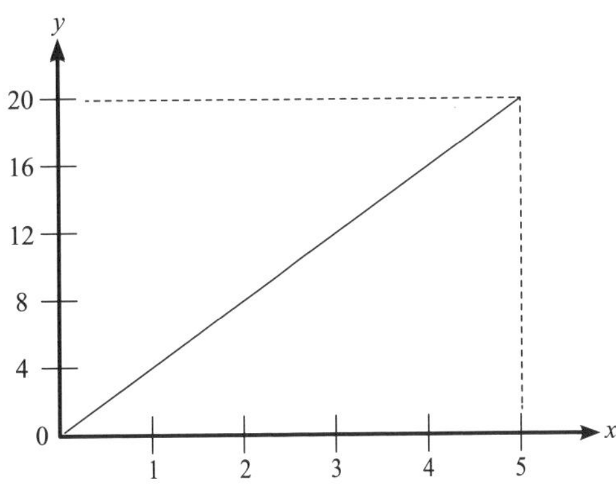

根据一次函数 $y=2x+1$ 作图如下。

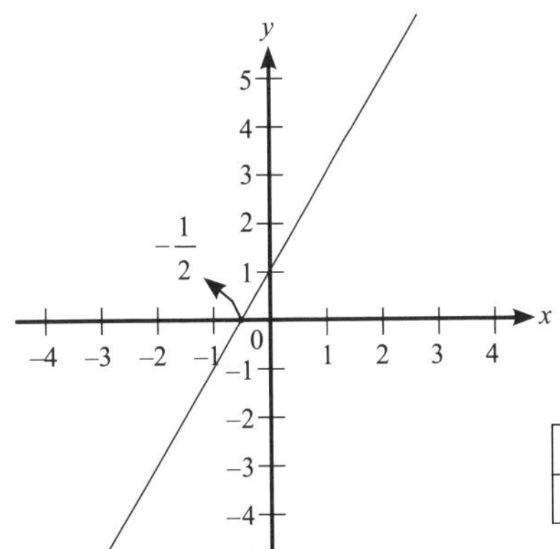

观察下表可以看出函数的变化情况，然后根据该表作图，可以将 x 和 y 的关系更直观地表现出来。

x	−3	−2	−1	0	1	2	3	…
y	−5	−3	−1	1	3	5	7	…

列车时刻表：学习方程的好例子

根据 $y=ax+b$ 这个一次函数可以画出很多条直线，通过作图可以更清晰地观察出一次函数的变化规律。

列车时刻表就是一个很好的例子。

英语 diagram 是图表的意思，但日语中的 diagram（日语为ダイヤグラム）多用来专指列车时刻表，即展示列车运行情况的表（见下页图）。在日语的日常会话中，如果电车晚点了，可以说成“时刻表乱了”。

其实，列车时刻表是一个很好的函数和方程的用例，现在也被很多人关注。

请仔细观察下页的图。图中的直线可以用 $y=ax+b$ 表示，但我们需要知道 a 和 b 分别是什么。

由图可知，a 是直线的斜率，在这里代表的是列车的运行速度。直线倾斜的程度越大则列车的速度越快，倾斜的程度越小则列车的速度越慢。直线与直线的交点代表列车相遇。其实，我们要知道，在方程组中，相交的点代表的是方程的解。

可别小看这张不起眼的列车时刻表，数字、代数式计算、坐标、函数、联立方程等知识都包含在其中了。

当然，$a=0$，也就是直线的斜率为 0 的时候，就表示列车停了。

列车时刻表

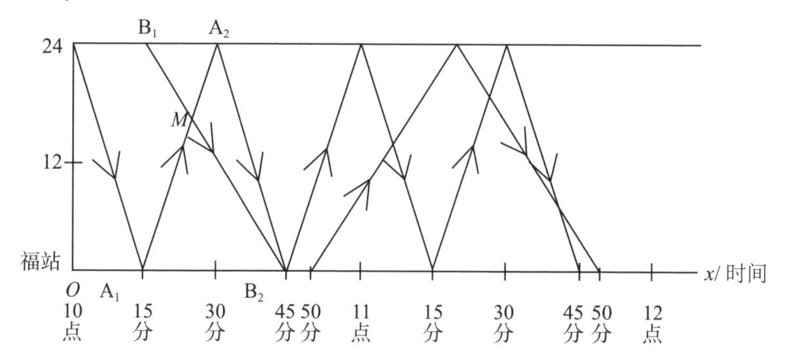

上图是相距 24 千米的幸站和福站 10 点到 12 点的列车运行时刻表。A 是急行电车，B 是普通列车。

问

1.A 和 B 列车相遇了几次？

2.A 和 B 的速度分别是多少？

3.A 和 B 第一次相遇是什么时候？这时两车距离福站多远？

答

1.4 次。

2.A $\rightarrow 24\div\frac{15}{60}=96$、B $\rightarrow 24\div\frac{30}{60}=48$（距离 ÷ 时间 = 速度）

所以 A 的速度为 96 千米 / 时、B 的速度为 48 千米 / 时。

3. 设时间为 x、距离为 y，则

$A_1A_2 \rightarrow y=96x+b$，$0=96\times\frac{1}{4}+b$，$0=24+b$

（当 $y=0$ 时，$x=\frac{1}{4}$，因为 15 分钟 $=\frac{1}{4}$ 时）

可得 $b=-24$

$A_1A_2 \rightarrow y=96x-24$，同样可得，$B_1B_2 \rightarrow y=-48x+36$

设 M 为两个方程的交点，联立方程，得到

$x=\frac{5}{12}$，$y=16$，M 点的坐标为 $\left(\frac{5}{12}，16\right)$

$\frac{5}{12}\times60=25$，所以两车第一次相遇是在 10 点 25 分的时候，这时距离福站 16 千米。

二次函数曲线

列车时刻表是一次函数的一种，这种表示方法简单易懂，大大方便了我们的日常生活。而现实中更常见的却不是一次函数曲线，而是二次函数曲线。比如沿水平方向扔出去一块小石子，它下落的轨迹是一条抛物线；球在地上弹来弹去的轨迹也是抛物线；公园里的喷泉喷出的水是呈抛物线状下落的；在家中能看卫星电视，也是因为装了抛物面天线。

除此之外，因为具有左右对称的和谐美感，抛物线也经常出现在一些艺术作品，尤其是一些和宗教有关的工艺美术品中，比如日本古坟时代的铜锣、现代的吊钟，等等。在欧洲中世纪和近代的一些教堂和建筑物，像是采光窗的彩花玻璃窗框上，也经常能看到抛物线的影子。

抛物线其实是一种有规律的变化轨迹。坐标轴上变量 x 的值决定了变量 y 的值，x 和 y 成一一对应关系，所以，抛物线也是一种函数曲线，也能写成函数式。我们把 $y=ax^2$ 这个二次式称为二次函数，观察其图像会发现，该函数的顶点就是原点。

二次函数的一般式是 $y=ax^2+bx+c$。

初中课本中是先学函数 $y=ax^2$，然后再画的图。现在我们反其道而行之，先从身边的抛物线入手，再联想一下学过的二次函数。

y 是 x 的函数，当 $y=ax^2$ 时，表示的是 y 与 x^2 成正比。也就是在二次函数的一般式 $y=ax^2+bx+c$ 中，$b=0$、$c=0$ 的情况。$y=x^2$ 的函数图像如左图所示。

身边的曲线

▲抛物面天线

▲教堂的彩花玻璃窗框

▲古坟时代的铜锣

▲球弹起的轨迹

▲公园里的喷泉

有理数和无理数有何不同？

数是什么？这的确是一个引人深思的问题。

在计算的时候，我们总把两个苹果表示成数字 2，三个苹果表示成数字 3 对吧？**我们总是在无意识中将数字和“量”联系到了一起。其实，除了表示“量”，数字还可以表示“顺序”或者“比例”（比如 10% 这个数）**。

表示量的数字除了像 3 这样的整数以外，还有 $\frac{1}{2}$、$\frac{2}{5}$ 这样的分数，以及 0.25、0.4 这样的小数。在数学中，我们把这样的数叫作有理数。一般来说，有理数能够表示成 $\frac{a}{b}$（a 为整数且 b 不等于 0）的形式。

早在古希腊时期，数就成了哲学家和数学家们探讨的重要话题。其实用画直线的方法可以表示出几乎所有的数字。请看下页的数轴，那些用有理数表示不出来的数，即无理数，也都在这条直线上。比如 $\sqrt{2}$、π，都是有名的无理数（$\sqrt{2}=1.4142\cdots$、$\pi=3.1415\cdots$）。无理数和有理数统称为实数。下页所示的直线上所有点的集合，就是实数的集合。这条小小的直线，可以大大帮助我们理解数的概念。数学上认为，线是点的集合，一个点就代表了一个数字，无数个连续的点构成了线。

二次函数曲线也一样是由无数个连续的点构成的。

该数轴如下图所示。

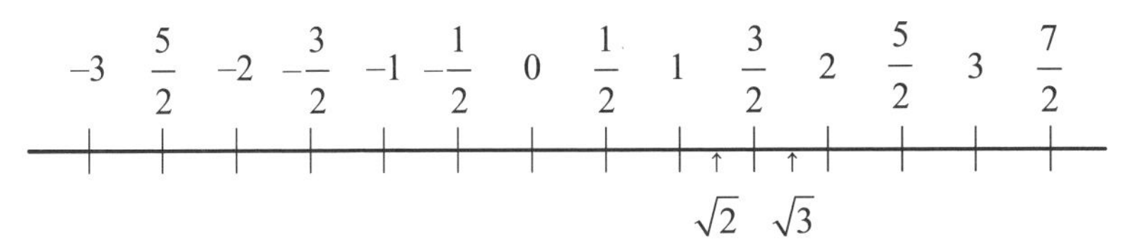

直线由无数个连续的点构成，像上图中的直线，如果只是由有理数，即整数和分数那些点构成的话是不可能连续的。无理数弥补了有理数各个点之间的空隙。

能用 $\frac{a}{b}$ 这个形式表示出来的小数不仅包括有限小数，还包括一些循环小数，比如 $\frac{1}{4}$ 就是 $1\div4=0.25$，$\frac{1}{3}$ 就是 $1\div3=0.333\cdots$，这里的 $\frac{1}{4}$ 是有限小数，而 $\frac{1}{3}$ 则是无限循环小数。

而 $\sqrt{2}$、$\sqrt{3}$、π 则是无限不循环小数，就是无理数。循环小数和无理数的小数点之后的部分是无限的，所以又叫无限小数。实数的分类如下所示。

实数
- 有理数
  - 整数（-2、-1、0、1、2 等）
  - 有限小数（$\frac{1}{2}=0.5$、$\frac{5}{4}=1.25$ 等）
  - 无限循环小数（$\frac{5}{3}=1.666\cdots$、$\frac{5}{6}=0.833$ 等）
- 无理数（无限不循环小数）（$\sqrt{2}$、$\sqrt{3}$、π 等）

和实数相对应，在高中数学中还出现了“虚数”。19 世纪初期有人提出了其平方等于 -1 的数 i，$i^2=-1$。

小升初考试中的常见问题①（流水问题）

我刚才讲了，方程是一种非常便利的解题方法，在解决一些复杂的问题时可以用之前学过的知识来列方程，遵从一定的规律进行计算就可以很快得出结果。我们称这种解题方法为“数字解题法”。比如，我们今天就来介绍一下很常见的“流水问题”。

有时候我们觉得文字描述题很难是因为很难读懂题意，**一边看题一边画图可以帮助我们更好地理解题意**。可以先把需要求的东西设成□、○或者 x、y，然后根据题意画出线段图，标出 x 和 y，并根据题意添加条件。

像这样，作图或者表可以充分发挥视觉的作用，活跃大脑，帮助我们解出题目。我们把这种解题方法称为“作图解题法”。

“数字解题法”和“作图解题法”各有利弊。

流水问题

已知位于河流下游的 A 点与河流上游的 B 点相距 12 千米，现有某条船从 A 点逆流而上到 B 点需要 2 小时，而从 B 点顺流而下到 A 点则只需要 1.5 小时。根据题意回答问题。

①这条船在静水中的速度是多少？

②河水的流速是多少？

解题思路

请观察下面的线段图。设船在静水中的速度为 x，河水的流速为 y，则船逆流而上的速度是 $x-y$，顺流而下的速度是 $x+y$。

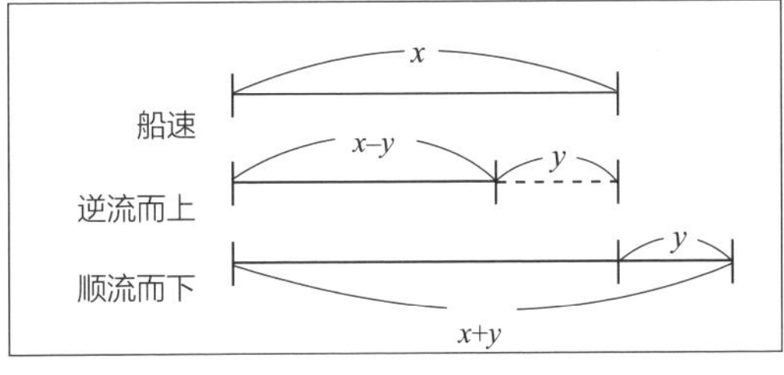

①逆流而上的速度为 12÷2=6（千米 / 时）。顺流而下的速度则是 12÷1.5=8（千米 / 时）。船在静水中的速度则是二者的和的一半，即（6+8）÷2=7，所以船在静水中的速度是 7 千米 / 时。

②顺流速度和逆流速度的差是河水流速的两倍。所以，河水的流速是（8–6）÷2=1（千米 / 时）。

方程解法

设船在静水中的速度为 x 千米 / 时，河水的流速为 y 千米 / 时，联立方程

$$\begin{cases} \dfrac{12}{x-y}=2 \\ \dfrac{12}{x+y}=1.5 \end{cases}$$

解得 $x=7$，$y=1$

小升初考试中的常见问题②（龟鹤算问题）

龟鹤问题（即中国的鸡兔同笼问题）非常有名，这也是小升初考试中的必考题。因为小学还没有学方程，所以我们还是先用前面提到的“作图解题法”解决，利用鹤有两只脚，乌龟有4只脚这一常识来画图。

比如说，鹤和乌龟一共有6只，而鹤和乌龟的脚一共20只，求鹤和乌龟分别有几只？（答案是鹤有两只，乌龟有4只。）刚刚我们在解答流水问题时画的是线段图，而解决龟鹤问题则需要画面积图。

利用“长方形的面积等于长乘宽”这一面积知识来解答问题。

首先我们需要知道面积是什么。

方程是个抽象的东西，而面积图则非常具体，利用视觉来促进大脑思考。像下页就是一个类似龟鹤算的问题，虽然没有出现“龟”和“鹤”这类字眼，但本质上和龟鹤问题没什么区别。小学生们应能够一眼认出这类问题就是我们熟悉的“龟鹤算”问题。

在下页这个问题中，62日元的邮票其实就相当于我们说的“鹤有两只脚”，而82日元的邮票则类似于“龟有4只脚”，总价2220日元就相当于“总共20只脚”，一共30张则类似于“龟鹤一共6只”。

龟鹤算问题

已知买 62 日元的邮票和 82 日元的邮票共 30 张，花了 2220 日元。求 62 日元的邮票和 82 日元的邮票分别买了几张。参考下面的面积图。

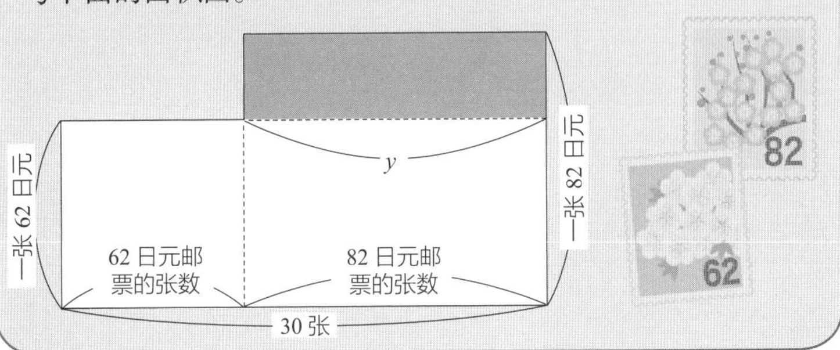

解答

$2220-62\times30=360$（元） $360\div(82-62)=18$（张）

$30-18=12$（张）

答：62 日元的邮票买了 12 张，82 日元的邮票买了 18 张。

解题思路

长方形的宽代表邮票的单价，长代表邮票的数量，面积代表总价。如果 30 张都买的是 62 日元的邮票，则总价为 $62\times30=1860$（日元），阴影部分的面积就是 $2220-1860=360$。$20y=360$，解得 $y=18$。所以应该是买了 18 张单价 82 日元的邮票和 12（$=30-18$）张 62 日元的邮票。

方程解法

设买了 x 张 62 日元的邮票，买了 y 张 82 日元的邮票，联立方程

$$\begin{cases} x+y=30 \\ 62x+82y=2220 \end{cases}$$

解得 $x=12$，$y=18$

小升初考试中的常见问题③（盈不足问题）

让我们再来挑战一下盈不足问题（又称盈亏问题）吧。这个问题小时候觉得很难，现在通过方程应该立马就能解出来了。

小学的时候因为没学过方程，所以需要画面积图来算盈不足问题。

很多人也许觉得奇怪，为什么画面积图可以解决用文字描述的题呢？

请观察一下下页的长方形。**所谓的长乘宽等于面积（我们在这里可以把长和宽一般化），其实就是指两个量相乘得到另一个量而已**。比如：一个桃子300日元，那么4个桃子多少钱？在这个问题中，我们可以把宽看成桃子的单价，把长看成桃子的个数，长乘宽，即300×4=1200（日元），得到的总价就相当于长方形的面积。面积图就是利用这一性质来解一些文字题，这也是作图解题法的一种。

下面这个盈不足问题和刚才的龟鹤算一样，是一个让人开动脑筋的小游戏，让我们试着挑战一下吧。

没学过方程的人可能会觉得这个解法很神奇。

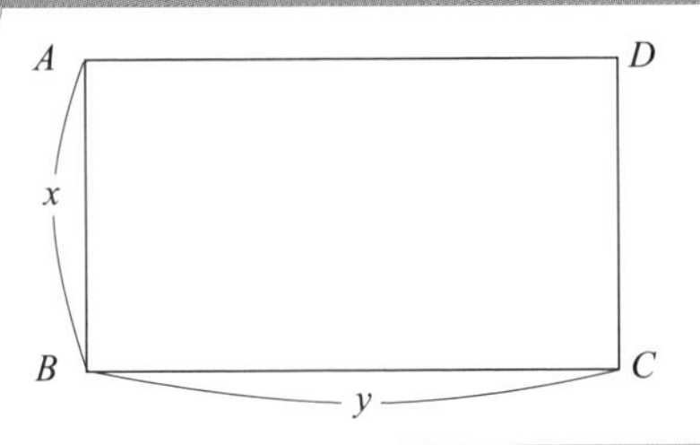

设长方形 $ABCD$ 的宽为 x，长为 y，则长方形的面积等于 x 乘 y。

※ 想想在这里长方形的面积代表什么。

盈不足问题

给孩子们分栗子。已知，每人分 10 个的话还剩 20 个栗子，每人分 12 个的话还少 12 个栗子。请利用下面这个面积图解答问题。

①求孩子的人数。

②求栗子的总数。

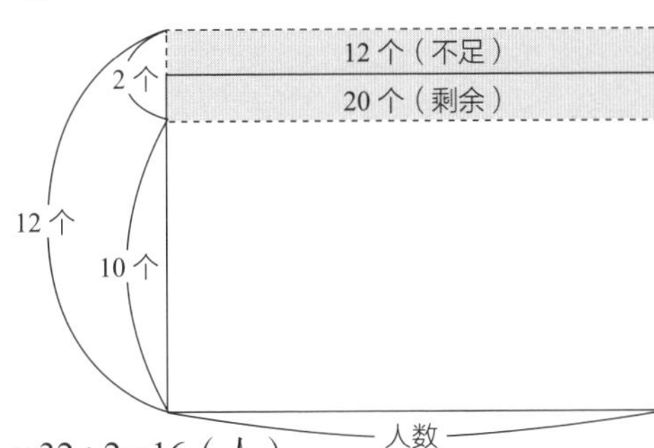

解答

① $(20+12)\div(12-10)=32\div2=16$（人）

孩子有 16 人。

② $16\times10+20=180$（个）

栗子有 180 个。

解题思路

①设长方形的宽为每人分得的栗子的数量，长为孩子的人数，则长方形的面积代表的就是栗子的总数。

仔细观察图中的虚线部分，宽少了 2（给每个人少分了 2 个），则面积部分（总数）就少了 32 个。所以，如果人数是 x 的话，那么 $x=32\div2=16$（人）。

②栗子总数为 16×10 再加上多出的 20 个，一共 180 个。

方程解法

设孩子有 x 人，则 $10x+20=12x-12$，解得 $x=16$

栗子的总数为 $16\times10+20=180$（个）

根据图形和式子理解三角函数

也许你早已经忘了三角函数是什么，但肯定记得 sin、cos、tan 这些词吧。

很多人觉得数学难，就是从学三角函数开始的。

其实三角函数在生活中的应用很多，**而且我们是从最简单的直角三角形开始学三角函数的**，所以别害怕。

现在日本一些 60 岁左右的人当初是从三角函数开始学初中数学的，学的是一些求树呀灯台呀校舍呀之类的高的问题。

比如，现有底边长 4 厘米、高 3 厘米、斜边长 5 厘米的直角三角形 ABC（见下页图 1），作一条与 BC 平行的线 $B'C'$，则直角三角形 ABC 与直角三角形 $AB'C'$ 相似。底边 AC ：高 BC= 底边 AC' ：高 $B'C'$。在 $\triangle ABC$ 中 $\angle C$ 是直角，AC 和 BC 的比例决定了 $\angle\alpha$ 的大小，所以我们把 BC 和 AC 的比称为 $\angle\alpha$ 的正切（即 tan），写作 $\tan\alpha$；把 BC 和 AB 之比叫作 $\angle\alpha$ 的正弦（即 sin），写作 $\sin\alpha$；把 AC 与 AB 之比叫作 $\angle\alpha$ 的余弦（即 cos），写作 $\cos\alpha$。

从代数式看三角函数

（图 1）

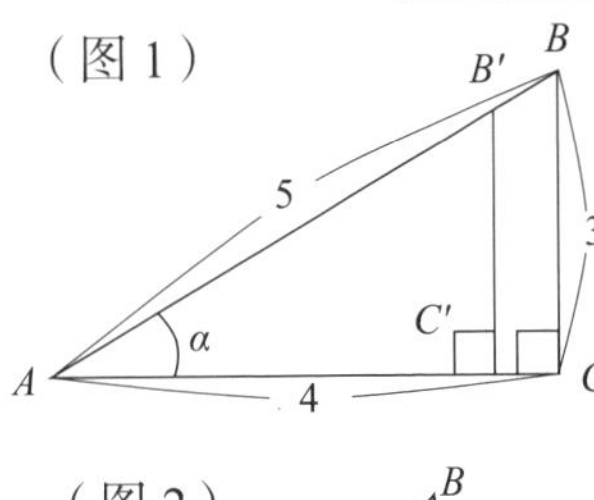

图 1 中，因为$\triangle AB'C' \backsim \triangle ABC$，所以

$AC : BC = AC' : B'C'$、$\frac{BC}{AC}=\frac{B'C'}{AC'}$成立。

同理，$\frac{BC}{AB}=\frac{B'C'}{AB'}$、$\frac{AC}{AB}=\frac{AC'}{AB'}$。

$\tan\alpha=\frac{BC}{AC}=\frac{3}{4}$、$\sin\alpha=\frac{BC}{AB}=\frac{3}{5}$、$\cos\alpha=\frac{AC}{AB}=\frac{4}{5}$。

（图 2）

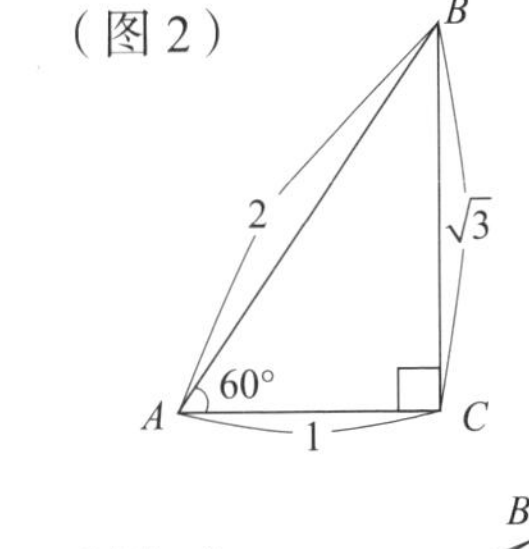

假设$\angle\alpha$分别为 30° 和 60° ，如图 2 和图 3 所示。

在$\angle\alpha=60°$ 的直角三角形（见图 2）中，

$AB=2$、$AC=1$、$BC=\sqrt{3}$。

则 $\sin60° = \frac{BC}{AB}=\frac{\sqrt{3}}{2}$、$\cos60° = \frac{AC}{AB}=\frac{1}{2}$、

$\tan60° = \frac{BC}{AC}=\sqrt{3}$。

（图 3）

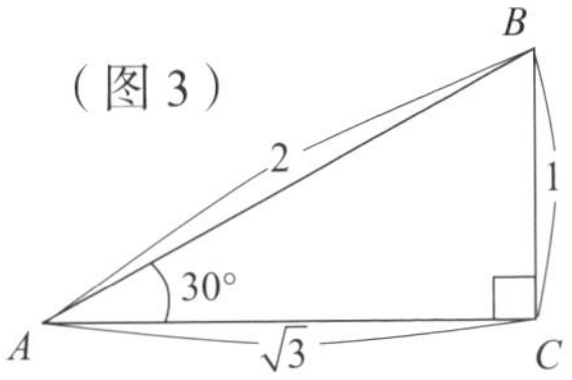

B

2

1

30°

A

$\sqrt{3}$

C

在$\angle\alpha=30°$ 的直角三角形（见图 3）中，$AB=2$、$AC=\sqrt{3}$、$BC=1$。

则 $\sin30° = \frac{1}{2}$、$\cos30° = \frac{\sqrt{3}}{2}$、$\tan30° = \frac{1}{\sqrt{3}}=\frac{\sqrt{3}}{3}$。

高中数学课本的附录里有常见的三角函数值表。比如，当α等于 60° 的时候，sin 是 0.8660，cos 是 0.5000，tan 是 1.7321；当α等于 30° 的时候，sin 是 0.5000，cos 是 0.8660，tan 是 0.5774；等等。

<例题>

现有一棵高为 PQ 的树（见图 4）。已知，$\angle PRQ=60°$，RQ 长 5 米，求树的高。

（图 4）

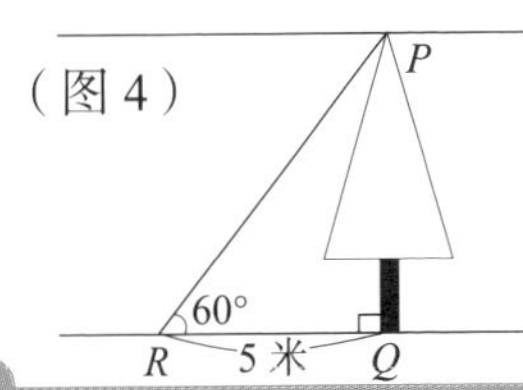

$\tan60° = \frac{PQ}{5}=\sqrt{3}$，$PQ=5\times\sqrt{3}\approx 8.66$

答：树约高 8.66 米。

正弦定理、余弦定理是什么？

我们可以用三角函数求出一些难以测量的物体，像树和建筑物等的高度。

三角函数其实是根据类似勾股定理的三角形性质推出来的。

知道直角三角形的一条边和一个角，就可以求山的高度、河的宽度等，这个刚才已经提到了。那么，一般三角形怎么办呢？

学过勾股定理的都知道，已知直角三角形的两条边长的话就能求出第三条边的长度。**推而广之，只要知道一条边长和除直角以外的一个角的角度，利用 sin、cos、tan，就可以求出其他两边的长**（见下页图 1）。但这也是基于直角三角形这个特殊情况，不适用于像下页图 2 这样的一般三角形。

这时候就要用到正弦和余弦定理了。利用正弦和余弦定理，我们可以求出一般三角形的角和边。

设$\triangle ABC$外接圆的半径为R，便可以推导出和三角形的 3 个角、3 条边有关的正弦定理（证明方法可以参照高中教科书），利用正弦定理就可以求下页图 3、图 4 中的三角形问题。同理，可以推导出和三角形的一个角与 3 条边有关的余弦定理。在这里我要提示一下，推理方法基于之前学的勾股定理以及三角函数。学会了余弦定理，下页图 5、图 6 中的问题也就迎刃而解了。

正弦、余弦定理是什么？

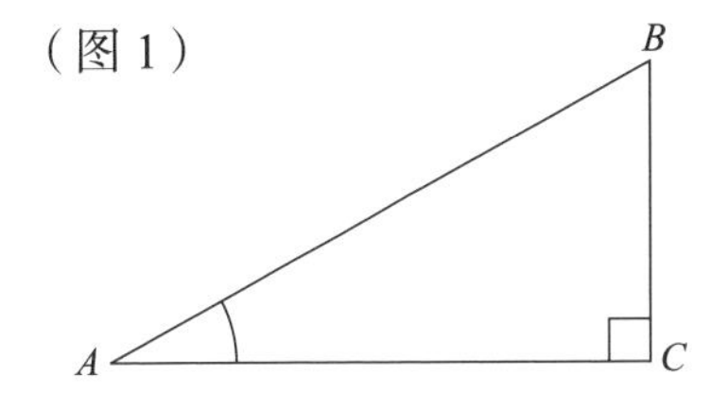

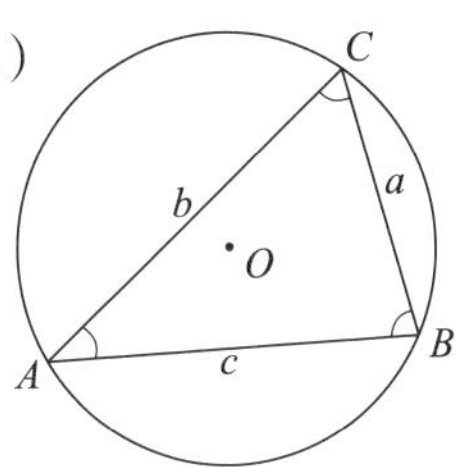

分别用 a、b、c 来表示△ABC 中 3 个角所对应的边长。设△ABC 的外接圆的半径为 R，则如下所示的正弦定理成立。（具体的推导过程要用到圆周角定理等，这里就不做详述了。）

$$\frac{a}{\sin A}=\frac{b}{\sin B}=\frac{c}{\sin C}=2R$$

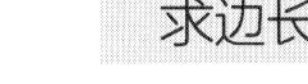

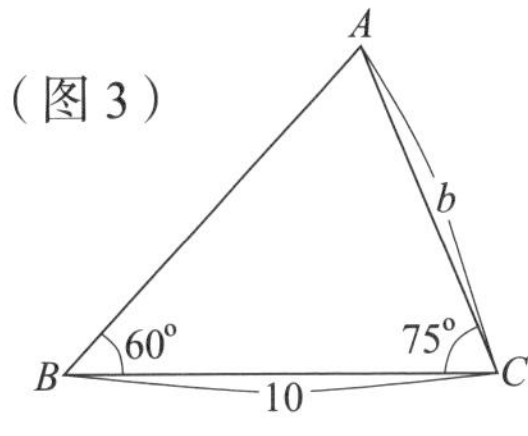

答案：$b=5\sqrt{6}$

求∠A 和∠C

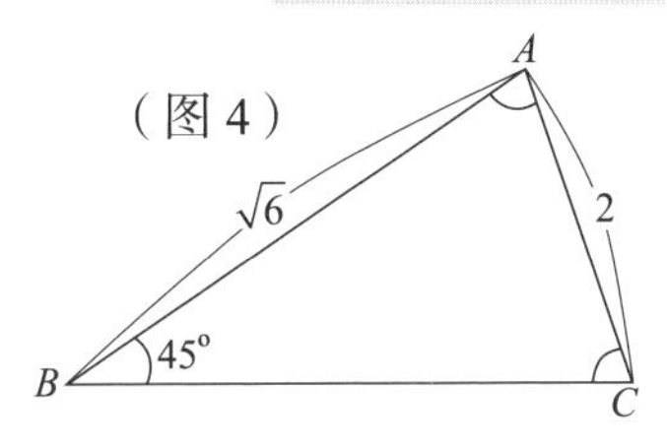

答案：$\angle C=60°$、$\angle A=75°$或者 $\angle C=120°$、$\angle A=15°$

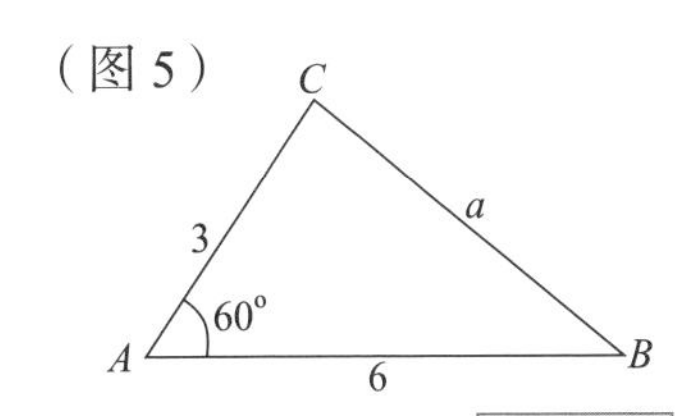

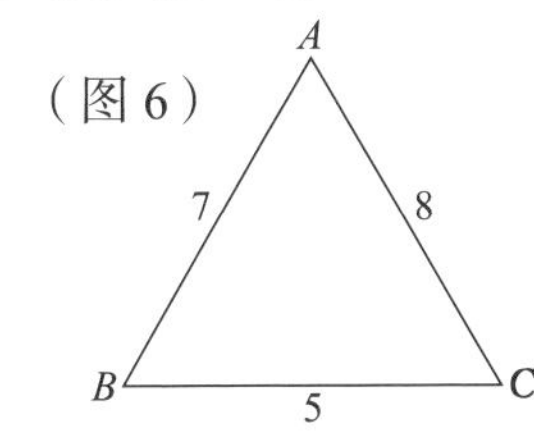

余弦定理

$a^2=b^2+c^2-2bc\cos A$

$b^2=a^2+c^2-2ac\cos B$

$c^2=a^2+b^2-2ab\cos C$

解法（图 5）△ABC 中 $b=3$、$c=6$、$\angle A=60°$，求 a。可以用余弦定理 $a^2=b^2+c^2-2bc\cos A$，求出 $a=3\sqrt{3}$。

解法（图 6）△ABC 中 $a=5$、$b=8$、$c=7$，求∠C。可以用 $c^2=a^2+b^2-2ab\cos C$，求出 $\angle C=60°$。

作图表示三角函数

下面要说到三角函数了。最近几年三角函数在日本备受关注，起因是 3 年前日本某县的现任知事公开表示“不知道高中学习的 sin、cos、tan 到底有什么用”，引起了巨大的舆论反响，在网上“三角函数无用论”盛行一时。其实，sin、cos 和 tan 还算不上真正的三角函数，只是三角比而已。学 sin、cos、tan，是在为后面学三角函数打基础。

提到函数，最基本的就是一次函数 $y=ax+b$ 了，y 随着变量 x 的变化而变化，将由 x、y 的取值确定的点在坐标轴上标注并连起来，可以画出我们常见的一次函数的图像。

而在三角函数中，我们引入了径向量 OP 和一般角度这两个量（见下页图 1）。在从三角比到三角函数的学习过程中，在这里第一次出现了坐标和 x、y 两个变量。将 α 扩展到一般角度 θ，$\cos\theta$、$\sin\theta$ 就是 θ 对应的函数——这才是真正的三角函数。这时我们用到了单位圆，也就是半径为 1 的圆（见下页图 2）。搞明白三角函数的定义后，我们又推导了许多三角函数公式。

在作图的时候，设角 θ 的径向量和单位圆的交点为 P，则 P 的 y 坐标为 $\sin\theta$，x 坐标为 $\cos\theta$（见下页图 3）。据此可以画出 $y=\sin\theta$ 和 $y=\cos\theta$ 的函数图像（见下页图 4）。

大家是不是觉得 $y=\cos\theta$ 的图像有些眼熟？没错，它长得很像示波器中音叉的声波。

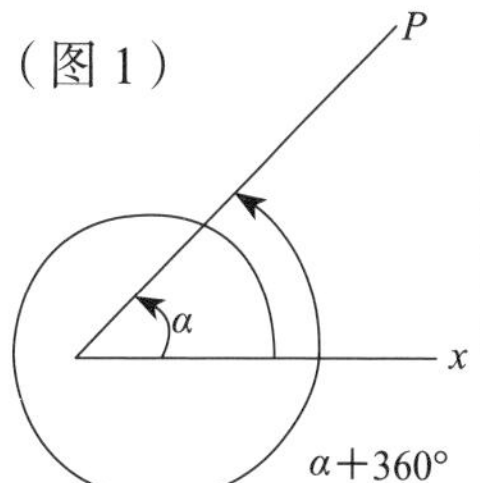

根据弧度法可知角 α 的径向量所表示的一般角 $\theta=\alpha+2n\pi$（n 为整数）。

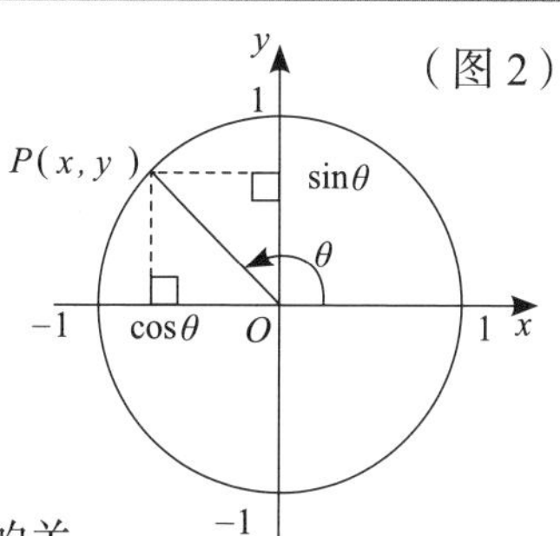

观察图 2 可以推出三角函数相互之间的关系公式。

根据 $x=\cos\theta$、$y=\sin\theta$、$x^2+y^2=1$ 可以推出①。

① $\sin^2\theta+\cos^2\theta=1$

② $\tan\theta=\dfrac{\sin\theta}{\cos\theta}$

③ $1+\tan^2\theta=\dfrac{1}{\cos^2\theta}$

根据图 2，还可以得到以下公式。

④ $\theta+2n\pi$ 的三角函数

$\sin(\theta+2n\pi)=\sin\theta$

$\tan(\theta+2n\pi)=\tan\theta$

$\cos(\theta+2n\pi)=\cos\theta$

⑤ $-\theta$ 的三角函数

$\sin(-\theta)=-\sin\theta$

$\tan(-\theta)=-\tan\theta$

$\cos(-\theta)=\cos\theta$

⑥ $\theta+\dfrac{\pi}{2}$ 的三角函数

$\sin(\theta+\dfrac{\pi}{2})=\cos\theta$

$\tan(\theta+\dfrac{\pi}{2})=\dfrac{1}{\tan\theta}$

$\tan(\theta+\dfrac{\pi}{2})=\sin\theta$

⑦ $\theta+\pi$ 的三角函数

$\sin(\theta+\pi)=-\sin\theta$

$\tan(\theta+\pi)=\tan\theta$

$\cos(\theta+\pi)=-\cos\theta$

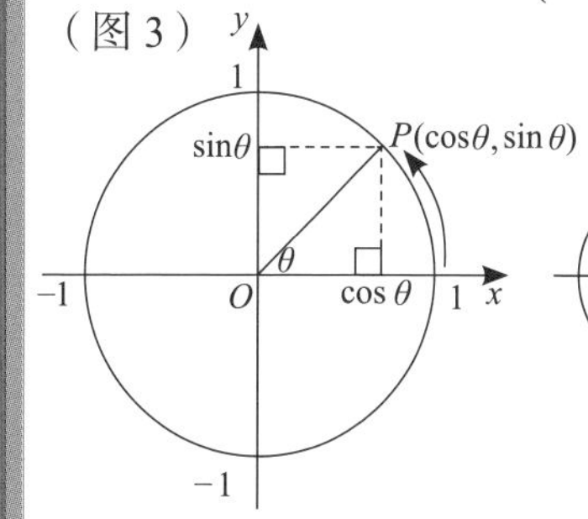

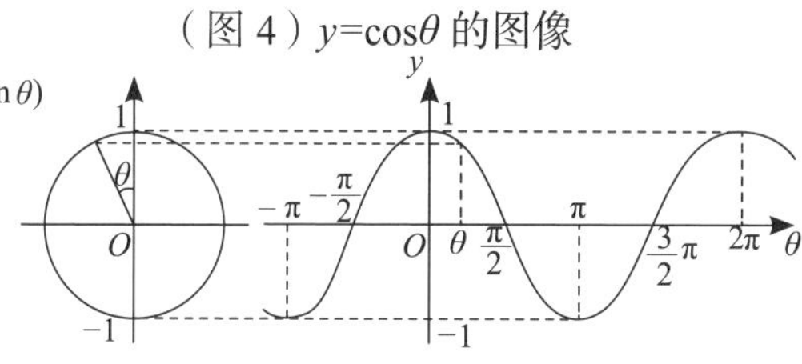

（图 4）$y=\cos\theta$ 的图像

初高中物理课上学的示波器图像就是正弦曲线或余弦曲线。声音在空气中传播的轨迹可以用三角函数表示出来。明明是这么复杂的三角函数，却可以绘制成这么优美的波浪线图，你不觉得数学真的很美妙很神奇吗？

不可思议的数字——等差数列、等比数列

早在古埃及和美索不达米亚文明时期，人们就开始对数字和图形感兴趣了。

在农耕文明时期，出于测量土地的需要，人们必须掌握一些与图形相关的知识。但是人们对数学的关心却不仅局限于此。抬头仰望星空的时候，看到月亮和星星彼此相望，其轨迹随着时间的推移而不断变幻，这些美丽的自然风景让人们如痴如醉的同时，也引发了人们对图形和数字的思考。这么看来，数学确实是源于生活的一门美妙的学科。

而数列就是数学之美的一种很好的体现。

数学课本中对数列是这样定义的：数列是指由数组成的列，把各个数称为数列的“项”。数列包括等差数列和等比数列，下面我们分别介绍一下。

等差数列是指从第一项 a 开始，后面每一项都加上同一个数 d 所得到的数列，这个 d 就叫作等差数列的“公差”。

等比数列则是指从第一项 a 开始，后面每一项都乘上同一个数 r 所得到的数列，这个 r 就叫作等比数列的“公比”。

我们有时看到单个的数字或者公式会感觉很枯燥乏味，但是当看到数字们排列成整齐的数列时，就会不禁赞叹数学的奇妙。数列知识的学习有一定的难度，但是学数学不就是难并快乐着吗？

等差数列和等比数列

①等差数列的一般项的求法

数列 $\{a_n\}$ 是一个首项为 a、公差为 d 的等差数列，$a_1=a$

a
‖
a_1 a_2 a_3 ⋯ a_{n-1} a_n
$+d$ $+d$ $+d$ $+d$
d 有（n–1）个

$a_2=a_1+d=a+d$

$a_3=a_2+d=a+2d$

$a_4=a_3+d=a+3d$

则第 n 项为

$a_n=a+(n-1)d$

②等差数列求和

等差数列有求和公式。比如首项为 5、公差为 3 的等差数列，其首项到第 5 项的和 $S_5=5+8+11+14+17=55$。设首项为 a、末项为 L、公差为 d、项数为 n 的等差数列的和为 S_n，则

$$S_n=a+(a+d)+(a+2d)+\cdots+(L-d)+L \quad (1)$$

将（1）式的右边各项倒着排列得到

$$S_n=L+(L-d)+(L-2d)+\cdots+(a+d)+a \quad (2)$$

将（1）、（2）两个式子左右两边分别相加，则括号里的 d 都被消掉了。

$$(1)+(2)\Rightarrow 2S_n=n(a+L)$$

$$S_n=\frac{n(a+L)}{2} \quad (3)$$

将 n=5 代入该公式，算出 $S_5=55$。

将 $L=a+(n-1)d$ 代入（3）式，得到 $S_n=\frac{1}{2}n[2a+(n-1)d]$

③等比数列的一般项的求法

数列 $\{a_n\}$ 是一个首项为 a、公比为 r 的等比数列

$a_1=a$

$a_2=a_1\times r=ar$

$a_3=a_2\times r=ar^2$……第 n 项为 $a_n=ar^{n-1}$

a_1 a_2 a_3 ⋯ a_{n-1} a_n
$\times r$ $\times r$ $\times r$ $\times r$
r 有（n–1）个

④等比数列求和

设首项为 a、公比为 r 的等比数列的首项到第 n 项的和为 S_n，则

$$S_n=a+ar+ar^2+ar^3+\cdots+ar^{n-2}+ar^{n-1} \quad (4)$$

（4）式两边同时乘以 r

$$rS_n=ar+ar^2+ar^3+\cdots+ar^{n-1}+ar^n \quad (5)$$

用（4）式减去（5）式，得到

$$r\neq1 \quad S_n=\frac{a(1-r^n)}{1-r}=\frac{a(r^n-1)}{r-1}$$

$$r=1 \quad S_n=na$$

从微分看世界

现在我们对高中所学的微积分的印象可能已经很模糊了，只隐隐记得微积分很难。其实微积分虽然有些难度，但却非常实用。正因为有了微积分，我们才能计算出圆以及一些由曲线、直线围成的封闭图形的面积。

首先让我们回忆一下在工学、物理学领域应用广泛的微分吧。

微分是什么呢？我们可以从物体的运动开始思考。假设一个球从斜面上滚下来的时间为 x，滚落的距离为 y，则二者应满足 $y=ax^2$ 这一函数式。

在下页的图 1 中，时间 x（单位为秒）和滚落的距离 y（单位为米）满足 $y=\frac{1}{2}x^2$。第 1 秒该球滚了 $\frac{1}{2}$ 米，前 2 秒共滚了 2 米，前 4 秒共滚了 8 米。

请注意，在这里，球的速度不是恒定不变的。我们可以求出该球在某一时刻的瞬间速度。

怎么求呢？请看下页图 2。

图 2 是 $y=f(x)=\frac{1}{2}x^2$（$x \geqslant 0$）的函数图像。

x（时间）由 1 变到 2，这时的平均变化率为 $1\frac{1}{2}$，代表第 1 秒到第 2 秒之间的平均速度。

而图 2 中通过 A 点的切线 T_1 代表的是 1 秒后的速度，通过 B 点的切线 T_2 代表的是 2 秒后的速度。

受到微分的影响，科学技术特别是交通技术得到了飞速发展。

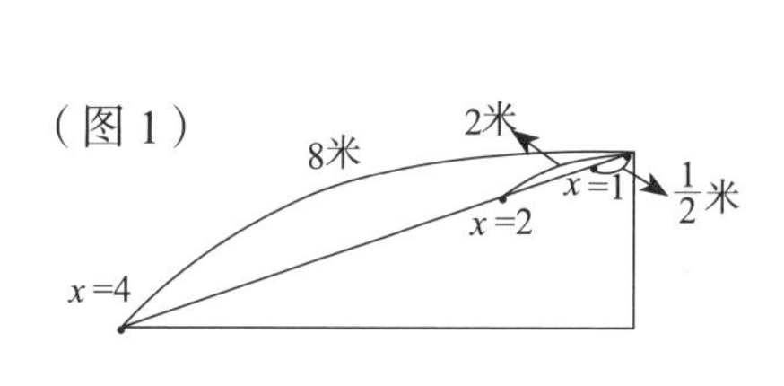

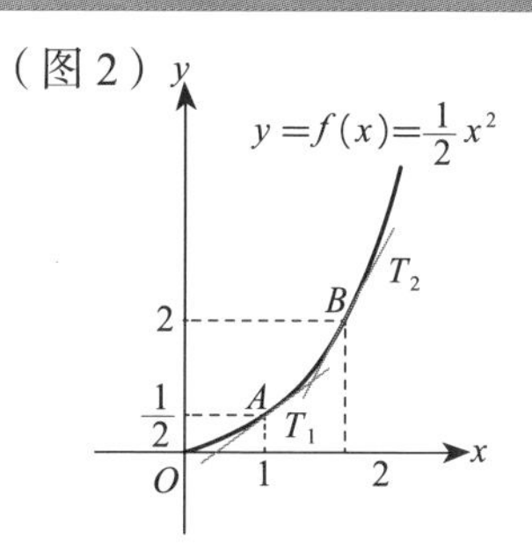

图 2 为 $y=f(x)=\frac{1}{2}x^2(x \geqslant 0)$ 的函数图像，x 从 1 变到 2。

$$\text{平均变化率} = \frac{f(2)-f(1)}{2-1} = \frac{2-\frac{1}{2}}{2-1} = 1\frac{1}{2}$$

$$\text{平均变化率} = \frac{y\text{的增加量}}{x\text{的增加量}} = \frac{\text{距离的增加量}}{\text{时间的增加量}}$$

根据距离 ÷ 时间 = 速度这一公式可知，这个式子代表的就是平均速度，即球从第 1 秒到第 2 秒的平均速度。

A 点的切线 T_1 的倾斜程度（斜率）则代表 1 秒后该物体的瞬时速度。

所以，x 从 a 变到 $a+h$ 时，函数 $y=f(x)$ 的平均变化率为

$$\frac{f(a+h)-f(a)}{h}$$

将这个极限值用 $f'(a)$ 来表示，这就是 $x=a$ 时函数 $f(x)$ 的微分系数，比如图 2 中的 T_1T_2。

又因为 $f'(x)=x$，$f'(1)=1$，所以可知这时的瞬时速度为 1 米 / 秒。

2 秒后（B 点处）$f'(2)=2$，所以这时的瞬时速度为 2 米 / 秒，是 1 秒时瞬时速度的 2 倍。随着时间的推移，切线的倾斜程度（斜率）越来越大，表示球的瞬时速度在加快。

像这样，观察图像有利于我们更好地理解微分的含义。

积分是什么？

积分是很多人的“死穴”，有人甚至一看到“积分”这俩字大脑就一片空白。或许你还隐隐记得积分好像与面积有点关系吧。的确如此，你没记错，因为积分的实用性也很强，所以它其实算是高中数学中一个比较容易理解的概念。

对 $f(x)=x^2$ 进行微分运算会得到 $f'(x)=2x$。已知函数 $f(x)$，如果存在可导函数 $F(x)$，使得在该区间内任意一点都存在 $\mathrm{d}F(x)=f(x)\mathrm{d}x$，则可以称 $F(x)$ 为 $f(x)$ 的原函数。

$f(x)$ 的任意原函数加上积分常数 C 可以表示成 $F(x)+C$。对 $f(x)$ 进行积分运算，就是求函数 $f(x)$ 的不定积分。

比如，对 x^2+C 进行微分运算，能得到 $2x$；对 $2x$ 进行积分运算，能得到 x^2+C。

《广辞苑》中对积分的定义是：求由某函数曲线和 x 坐标轴的一定区间所围成的面积的极限值。画图表示如下页右图所示。

现在说到积分，一般就是指求面积的定积分。我们现在一般是先学微分，再学不定积分，最后才学定积分。但是回顾一下微积分的历史你会发现，其实积分的出现要早于微分。据说，积分是由阿基米德（公元前 3 世纪左右）提出来的，而微分则是到了 17 世纪左右才被牛顿和莱布尼茨几乎同时发现的，发现的契机是二人对物体运动速度的研究。

那之后，我们知道了微分和积分可以相互推导。

积分与面积的关系

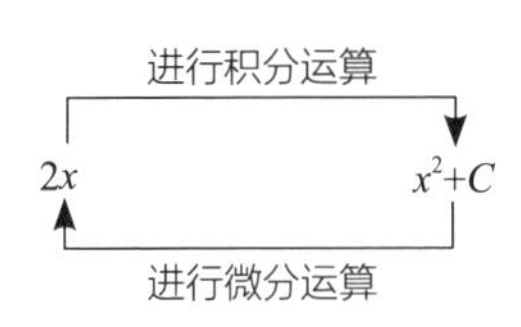

在区间 a 到 b 之间，
由函数曲线与 x 坐标轴所围成的面积 S（b）

因为 $f(x)=x^2 \rightarrow f'(x)=2x$

所以

$F(x)=2x + C$

求不定积分的几种常见类型：

1.n 为正整数或 0

$$\int x^n \mathrm{d}x = \frac{1}{n+1}x^{n+1} + C$$

2. 常数倍（k 为常数）

$$\int kf(x)\mathrm{d}x = k\int f(x)\mathrm{d}x$$

3. 和

$$\int [f(x)+g(x)]\mathrm{d}x = \int f(x)\mathrm{d}x + \int g(x)\mathrm{d}x$$

4. 差

$$\int [f(x)-g(x)]\mathrm{d}x = \int f(x)\mathrm{d}x - \int g(x)\mathrm{d}x$$

< 例题 > 求下面式子的不定积分。

$$\int (6x^2 - 4x + 5)\mathrm{d}x = 6\int x^2\mathrm{d}x - 4\int x\mathrm{d}x + 5\int \mathrm{d}x$$

$$= 6\times\frac{1}{3}x^3 - 4\times\frac{1}{2}x^2 + 5x + C$$

$$= 2x^3 - 2x^2 + 5x + C$$

明白了什么是不定积分以后，下一节我们开始讲“真正的积分”(定积分)。

一般地，设 $f(x)$ 的某个原函数为 $F(x)$ 时，

$\int_a^b f(x)\mathrm{d}x = [F(x)]_a^b = F(b) - F(a)$（参考上右图）

定积分与面积的关系

准确阐明了积分与微分的关系的人是牛顿和莱布尼茨。

牛顿是17世纪左右的英国物理学家，因为发现了万有引力而被世人熟知；莱布尼茨则作为17世纪的德国哲学家、数学家而被大家认识。

这两个人一个是物理学家，一个是哲学家和数学家，却分别从自己的领域出发进行了微积分的探索。从ICT[Information（信息）、Communication（通信）和Technology（技术）这3个英文单词的首字母]发达的现代社会的角度思考一下，这种互通互融的确很有趣。

微积分的发现对物理学、工学，甚至经济学等社会科学都做出了巨大贡献，也为信息社会的发展打下了坚实的基础。

微积分的核心思想是“极限”。我们在高中数学中学过：当x无限接近于a时，函数$f(x)$取得极限值。比起高中以前学习的具体数字，要理解这种抽象的概念的确不容易。比如这里所说的“无限接近于a”，字面意思很好理解，但是习惯了具象思维的我们还是会感到困惑，总是在意这个a到底是不是一个看得见摸得着的东西。其实，对这种抽象问题的理解是我们学习高等数学要克服的最大难点。

顺便提一句，你知道吗？莱布尼茨还是一个神学家哦。

定积分和面积的关系

要理解定积分和面积，可以先从最简单的一次函数 $f(x)=x+2$（函数图像为直线）开始思考。如图 1 所示，在 x 坐标轴上的 1 到 x 这个区间内，函数 $f(x)=x+2$ 的图像与 x 轴共同围成了一个梯形。我们设这个梯形的面积为 $S(x)$。

（图 1）

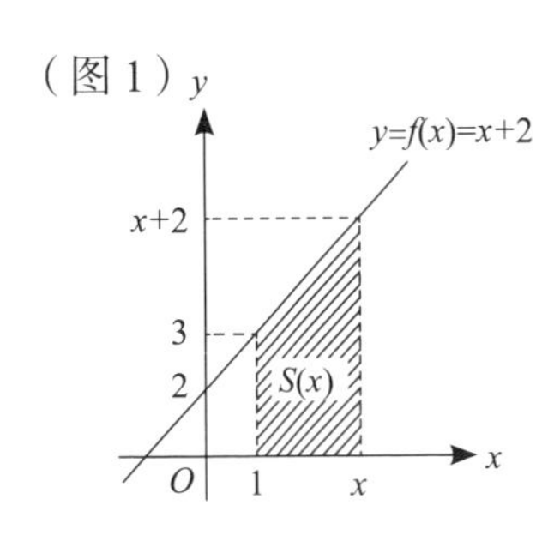

$$
\begin{aligned}
S(x) &= \frac{1}{2}(x-1)[3+(x+2)] \\
&= \frac{1}{2}(x^2+4x-5) \\
&= \frac{1}{2}x^2+2x-\frac{5}{2} \quad (x \geqslant 1)
\end{aligned}
$$

对面积 $S(x)$ 进行积分运算，得到 $S'(x)=x+2$，即最初的一次函数 $y=f(x)=x+2$。

在这里，面积 $S(x)$ 就是 $f(x)$ 的原函数。

同理，我们就能求出由曲线和 x 轴所围成的图形的面积。话不多说，我们现在就来看看曲线图形的面积求法吧。

（图 2）

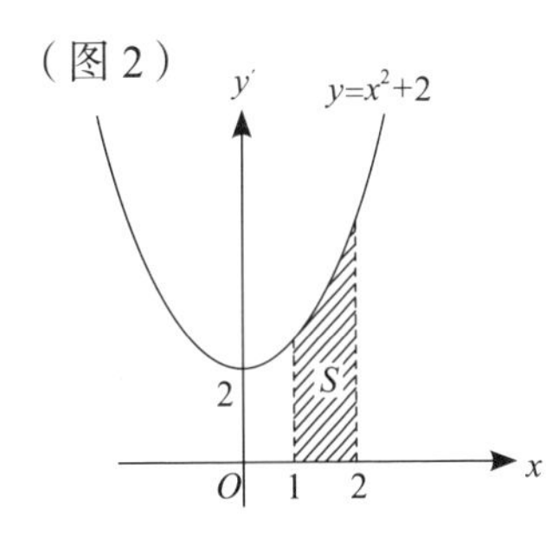

如左图 2，求由抛物线 $y=x^2+2$、x 轴以及 $x=1$、$x=2$ 两条直线共同围成的图形 S 的面积。

在区间 $1 \leqslant x \leqslant 2$ 中 $y>0$，则

$$
\begin{aligned}
S &= \int_1^2 (x^2+2)\mathrm{d}x \\
&= \left[\frac{1}{3}x^3+2x\right]_1^2 \\
&= \left(\frac{8}{3}+4\right)-\left(\frac{1}{3}+2\right) \\
&= \frac{13}{3}
\end{aligned}
$$

像这样，利用微分和定积分可以求出很多图形的面积。上初中的时候我们只会求三角形、四边形、圆以及一部分多边形的面积，而高中学了微积分以后就能求出各种各样由曲线围成的图形的面积了。其实利用积分的性质，还可以求立体图形的体积。在这边我就不再举例了，感兴趣的读者可以去翻翻高中数学课本试着做几道题。

数与式的小故事：黄金比例知多少

当我们看到一些古老的美术作品和建筑物时，会感到莫名的和谐，这是为什么呢？其实，这些艺术作品中藏着黄金比例的秘密。古希腊时期的人们和我们一样，都具有对美的感知能力，像帕特农神庙等一些古建筑都是根据黄金比例建成的。

那么黄金比例是什么呢？字典上对其做了这样的解释：假设线段 AB 上的某点 P 满足 $AB:AP=AP:PB$，即 $AB\times PB=AP^2$，就把点 P 称为线段 AB 的黄金分割点，把此时 AP 与 PB 的比例称为黄金比例（见下页图 1）。

符合黄金比例的物品在生活中很常见，比如名片。如下页图 2 中宽为 2 的长方形 $ABCD$，它的长和宽就满足我们刚刚提到的黄金比例。观察该图会发现，这时该长方形 $ABCD$ 相似于长方形 $DEFC$，设长方形的长为 x，因为宽为 2，所以得到 $2:x=(x-2):2$。

根据内项之积等于外项之积法则，得到

$$x(x-2)=4$$

$$x^2-2x-4=0$$

解得

$$x=1\pm\sqrt{5}$$

又因为 $x>0$，所以

$$x=1+\sqrt{5}$$

因为$\sqrt{5}\approx2.236$，所以长方形 $ABCD$ 的宽和长的比为 $2:(1+\sqrt{5})\approx 2:(1+2.236)=500:809$，约为 5 : 8。

其实古希腊人不仅感知到数的美，而且认为数字有一种神秘感。正因为如此，像提出“数乃世界本源”的毕达哥拉斯那样，古希腊哲学家们对数字有着无限的崇拜之情。

断臂维纳斯雕像和帕特农神庙也是符合黄金比例的典型例子。其中，维纳斯以肚脐为分割点，肚脐以上的部分和肚脐以下的部分长度之比接近黄金比例；而帕特农神庙（约公元前 440 年建成）的高与宽之比也接近 5 : 8。除此之外，像埃及的胡夫金字塔、日本的唐招提寺的金堂等建筑物都满足黄金比例。

这些建筑和艺术品之所以这么异曲同工，不是因为文化传播和互通，而是因为不同时代不同地区的人们对美的感知是相似的。

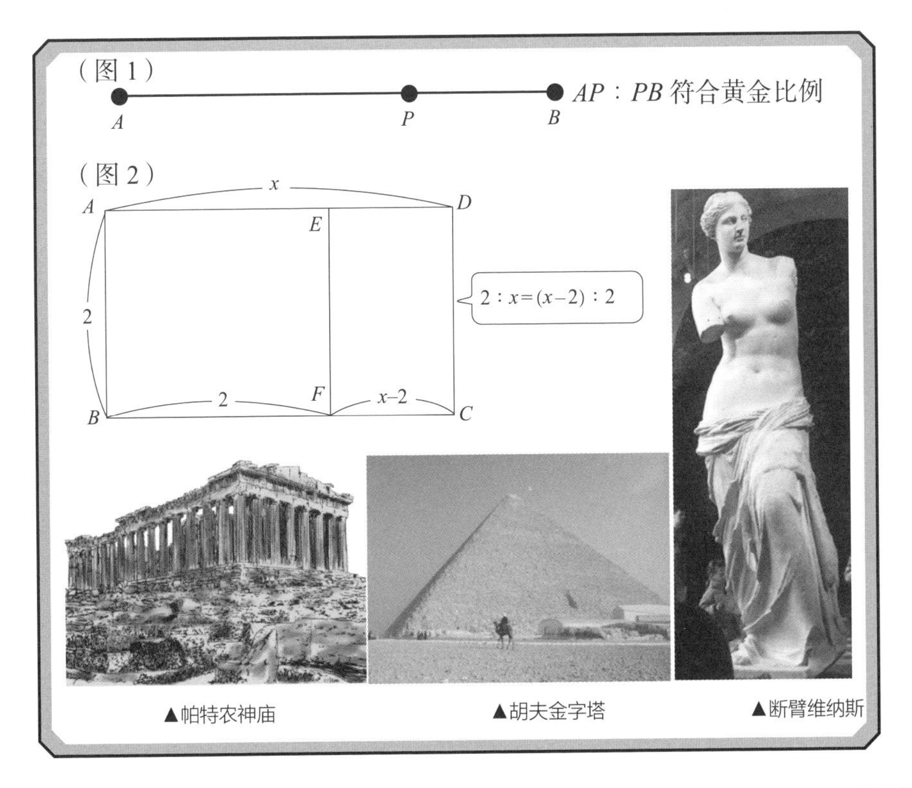

▲帕特农神庙
▲胡夫金字塔
▲断臂维纳斯

初中数学题小挑战③

问题

如右图，O 为圆心，请看图回答问题。

①x 为多少度。

②y 为多少度。

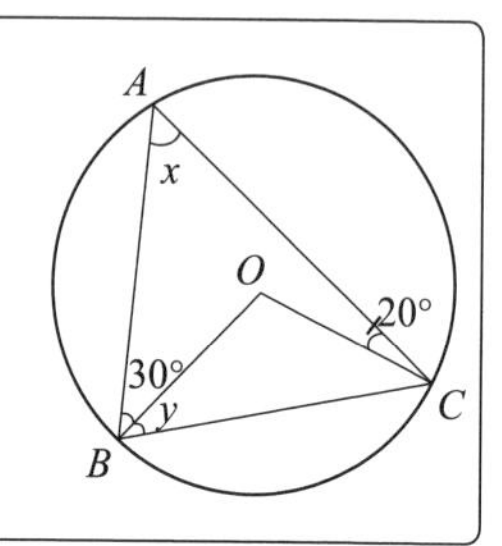

解法

①因为$\angle BOC=2\angle BAC$（中心角是圆周角的 2 倍），所以$\angle BOC=2x$。

延长 BO 使其与 AC 交于点 D。

$\angle DOC=180°-2x$

$\angle ODC=30°+x$（$\angle ODC$ 是$\triangle ABD$ 的外角）

观察$\triangle OCD$，可得

$\angle DOC+\angle ODC+\angle DCO=180°-2x+30°+x+20°$

所以得到方程 $180°-2x+30°+x+20°=180°$

（三角形内角和为 180°）

解得 $x=50°$

②因为$\angle BAC=50°$，所以$\angle BOC=100°$。

又因为$\triangle OBC$ 是等腰三角形，所以$\angle OBC=\angle OCB$

由此可得

$y+y+100°=180°$

$2y=80°$

$y=40°$

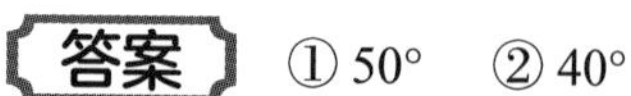

答案 ① 50° ② 40°

初中数学题小挑战④

问题

已知一次函数 $y=2x+3$，请回答下列问题。

①求 $x=1$ 时，y 的值。

② x 的值增加 5 时，y 增加多少。

③求该一次函数与 x 轴的交点 B 的坐标。

④求△ABO 的面积。假设坐标轴每个刻度的长为 1 厘米。

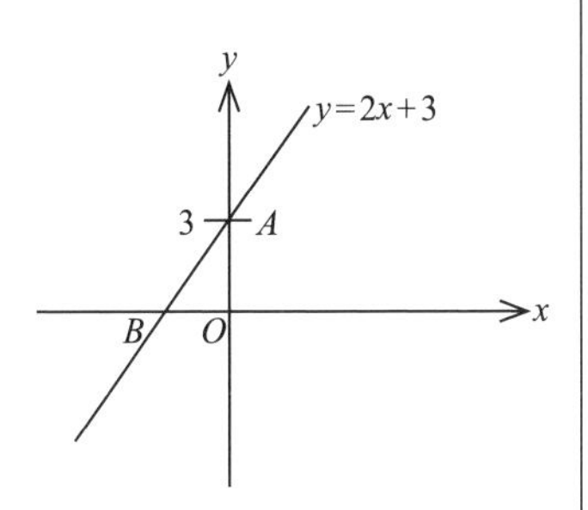

解法

①将 $x=1$ 代入函数 $y=2x+3$，得 $y=2+3=5$

②因为 y 的增加量 $\div x$ 的增加量 = 斜率，所以代入 $x=5$，得 $y=10$

③因为 B 的 y 坐标为 0，将其代入 $y=2x+3$，即 $0=2x+3$

解得 $x=-\frac{3}{2}$

所以 B 的坐标为（$-\frac{3}{2}$,0）

④ $BO=\frac{3}{2}$，$AO=3$［因为 A 的坐标是（0,3）］

△ABO 的面积 $=\frac{3}{2}\times3\times\frac{1}{2}=\frac{9}{4}$（厘米^2）

答案 答案：① 5 ② 10 ③ B（$-\frac{3}{2}$,0）④ $\frac{9}{4}$ 厘米^2

数学小专栏 4

全球化时代数学学科备受重视

一些教育界和经济界人士会经常提到“理性思维”“超认知”（指如何认识自己、进行自我反省的认知方法）这类词，这是因为进入全球化时代后，社会经济文化交流日渐频繁，人们的社会活动增加，对这类能力的需求更加旺盛。

而学数学就是锻炼理性思维和超认知能力的好方法。我们都知道，无论理科生还是文科生，数学都是必修科目。因为学习数学、推导数学公式会无形中锻炼我们的理性思维，让我们学会利用式子和数字进行充满理性的思考。

此外，我们也总是需要写一大堆数字和式子、画一大堆线段图和图形等来解数学题，这些解题痕迹大大方便了我们在解题过程中或者做完之后来检验对错的工作。解答这类数学题目和对结果进行检查能提高我们的超认知能力。

另外，在教别人做数学题时也需要调动我们的超认知能力。

这么一想，学习数学这件事的确是生活在这个时代的人们不得不做的。学习数学可以锻炼我们的理性思考能力和超认知能力，进而提高我们与其他人沟通的水平。所以下次再听到有人说数学和语文也息息相关时就无须惊讶了吧，因为如今这个时代数学和其他各个学科的关系都是密不可分的。

第4章

日常生活与式子

“步行只需 x 分钟”——售房广告中的数学

步行 x 分钟 = 距离（米）÷80（米/分，速度）（舍尾进一）

我们经常会看到一些售房的广告传单上写着“车站出来只需步行 5 分钟就能到家”之类的宣传语，那你有没有想过，这所谓的 5 分钟到底是怎么算出来的呢?

其实，日本房产商的《公平竞争规约实行准则》中对此有详细说明：**经计算，每步行 80 米所需的时间为 1 分钟**。

所需时间不足 1 分钟的按 1 分钟来算。比如即便是走 30 秒就能到的地方，按照规定，在售房的广告传单中也要写成步行 1 分钟可到达。

所以如果售房广告传单中写着“**车站出来只需步行 5 分钟**”，意思就是离车站 321~400 米。但请注意，这不是车站到住房的直线距离，而是实际距离，即沿着道路要走多少米。

像公寓这种集合型的住宅地，算的时候不是算每间屋子到车站的距离，而是公寓所占地整体到车站的最近距离。所以如果是住在一所大型公寓里，每个人步行到车站所需的时间是不一样的，售房广告传单中并没有计算过上下坡和上下楼梯等具体要花多长时间。

据说这个 80 米/分是根据健康女性穿高跟鞋步行的平均速度算出来的。

从车站到家距离的测算方法

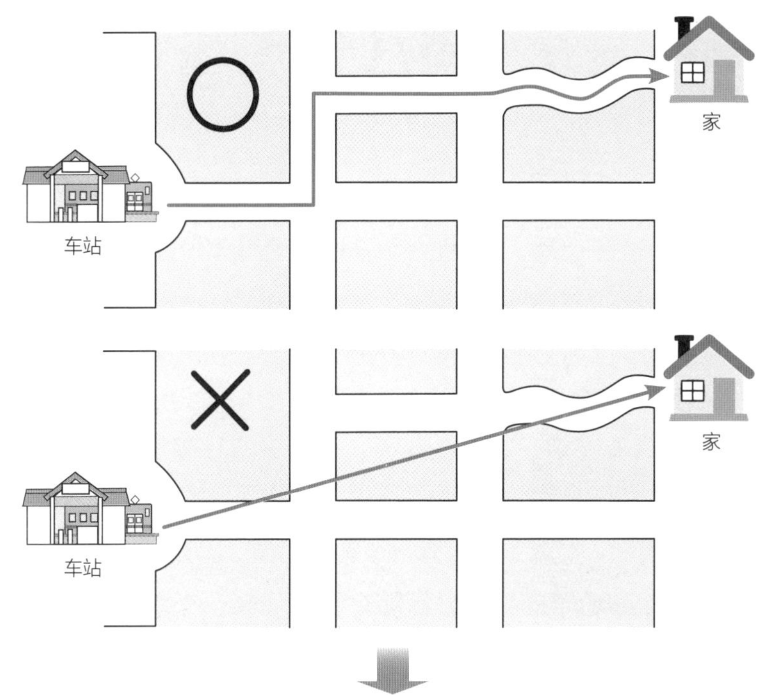

这里的距离指的不是车站到住房的直线距离，而是实际距离，即沿道路要走多少米。

当看到售房广告中写的“步行只需 x 分钟”时，用上 1 分钟大约走 80 米这个小知识，就可以算出房子与车站间的大致距离了。

数学速记

一般来说，我们可以根据房屋周边的地图来测算步行所需的大致时间，但要注意，因为有红绿灯、上下坡、天桥等，道路实际情况很复杂，所以算出的时间会有误差。

如何计算明年的几月几日是周几？

今年的周几＋ 1= 明年的周几

有没有什么简单的方法可以快速算出明年的某月某日是周几呢？

有的。只要知道一年有 365 天，就可以很快算出明年的同一日期是周几。

一周有 7 天，**也就是 7 天为一个循环周期**。因为 365 ÷ 7=52 余 1，所以其实今年和明年的星期数就只差了一天而已。

比如 2018 年 4 月 22 日是周日，如果要算 2019 年的 4 月 22 日是周几的话，就只需要在周日的基础上再加一天，所以是周一。

但是还有一点要注意，我们要清楚哪一年是闰年（阳历有闰日的年份）。闰年每 4 年一次，比如 2020 年、2024 年……是闰年。**因为闰年不是 365 天而是 366 天，366 ÷ 7=52 余 2，所以计算跨度含有闰日的下一年的同一日期是周几时需要加上 2**。比如，2020 年 2 月 24 日是周一，所以 2021 年 2 月 24 日就是 1+2，是周三。

顺便讲一个很有趣的规律，同一年中的 4 月 4 日、6 月 6 日、8 月 8 日、10 月 10 日、12 月 12 日的星期都是一样的。比如 2018 年 4 月 4 日是周三，那么 2018 年 6 月 6 日、8 月 8 日、10 月 10 日、12 月 12 日也都是周三。这也是根据刚才除以 7 的方法计算出来的，感兴趣的话你也可以试着算一算。

12

Mon	Tue	Wed	Thu	Fri	Sat	Sun
					1	2
3	4	5	6	7	8	9
10	11	12	13	14	15	16
17	18	19	20	21	22	23
24/31	25	26	27	28	29	30

2018 年
12 月 24 日
（周一）

2019 年
12 月 24 日
（周几？）

因为上一年的同一日期是周一，所以下一年的同一日期就是周二

［ 1年 365天 ÷ 1周 7天 ＝ 52周 余 1天 ］

余 1 天，也就是与下一年的同一日期只错开了一天。

闰年

2020年　2024年　2028年
2032年　2036年　2040年
2044年　2048年　2052年

因为闰年是 366 天，366 ÷ 7=52 余 2 天，所以如果跨度含闰日，就和下一年的同一日期错开了两天！

数学速记

日语中“来年”和“翌年”虽然意思相近但有区别。“来年”指的是今年的下一年，也就是明年；而“翌年”指的是某一年的下一年。

根据阳历年份算地支

阳历年份 ÷12 得到的余数 + 9

根据阳历年份怎么算地支呢？这里教你一个好办法，就是**用阳历年份除以 12 的余数加上 9，然后按照十二支的顺序查一查这个数**。

十二地支的顺序非常重要，即子（鼠）、丑（牛）、寅（虎）、卯（兔）、辰（龙）、巳（蛇）、午（马）、未（羊）、申（猴）、酉（鸡）、戌（狗）、亥（猪）。

为什么要加上 9 呢？这是因为公元前 1 年（下一年是公元 1 年，无公元 0 年的说法）按十二地支来计算的话是申（猴）年，排在十二地支的第九位。

按照阳历年份除以 12 的余数加上 9 这个方法，算出来的数如果比 12 大，那就再减去 12，最后算出来的数，比如是 5，那就是辰（龙）年。按顺序推算，1= 子（鼠）、2= 丑（牛）、3= 寅（虎）、4= 卯（兔）、5= 辰（龙）、6= 巳（蛇）、7= 午（马）、8= 未（羊）、9= 申（猴）、10= 酉（鸡）、11= 戌（狗）、12= 亥（猪）。

以 2018 年为例，2018 ÷ 12=168 余 2，2+9=11，11= 戌（狗），所以 2018 年就是戌（狗）年。

像这样，只要知道数字之间的关系和性质就能很快算出阳历年份的地支。

根据阳历年份算地支

阳历年份 ÷12 的余数 +9

子	丑	寅	卯	辰	巳	午	未	申	酉	戌	亥
1	2	3	4	5	6	7	8	9	10	11	12

※ 如果加上 9 算出来的数大于 12 的话就再减 12。

数学速记

为什么子、丑……分别对应鼠、牛……等动物呢？尚未有定论。但有趣的是，亥年所对应的“猪”在中国指的是家猪，而在日本则指野猪。

如何计算当前的湿度？

湿度（%）= 当下水蒸气含量 ÷ 饱和水蒸气含量 ×100

湿度大致可分为“绝对湿度”和“相对湿度”两种。其中“绝对湿度”指的是 1 立方米的空气中所含的水蒸气的质量（单位为克），“相对湿度”则指的是空气中水蒸气含量和同温度下饱和水蒸气含量的关系，用百分数（%）来表示。

天气预报中所说的湿度一般是相对湿度。相对湿度的计算公式为：湿度（%）= 当下水蒸气含量 ÷ 当前气温下饱和水蒸气含量 × 100，其中，饱和水蒸气含量指的是 1 立方米的空气中能包含的最大水蒸气的量。随着气温的升高，饱和水蒸气的含量不断增大。两者的关系大概是：15 摄氏度的时候饱和水蒸气含量约为 12.8 克 / 立方米，20 摄氏度时约为 17.2 克 / 立方米，30 摄氏度时约为 30.3 克 / 立方米。

那么湿度 100% 是一个什么状况呢？很多人会误认为那是在水中，其实不然。别忘了**湿度是用来表示空气中水蒸气含量的比例**的，水中没有空气，所以在水里的话这个比例关系是不存在的。其实湿度 100% 指的是，水蒸气含量达到了当前气温条件下空气中能包含的最大水蒸气的量。

我们接下来还会介绍和空气湿度有关的“不适指数”。

气温与饱和水蒸气含量（克 / 米^3）

气温（摄氏度）	饱和水蒸气含量（克/米^3）	气温（摄氏度）	饱和水蒸气含量（克/米^3）
−50	0.0381	10	9.39
−40	0.119	15	12.8
−30	0.338	20	17.2
−20	0.882	25	23.0
−10	2.14	30	30.3
−5	3.24	35	39.6
0	4.85	40	51.1
5	6.79	50	82.8

相对湿度 —— 湿度 —— 绝对湿度

空气中水蒸气含量与同温度下饱和水蒸气含量的关系

用 % 表示

1 立方米的空气中所含水蒸气的质量

用克表示

一般说到湿度，指的是相对湿度

如果有时虽然气温高但不觉得热，可能是因为空气湿度低。所以不一定气温高就一定觉得热，人的体感和湿度也有很大关系。

日本气象厅所做的一日最低湿度统计显示，日本的最低湿度出现在 1971 年 1 月 19 日的鹿儿岛县屋久岛地区，为 0。

如何计算不适指数？

$$0.81\times 气温 + 湿度(\%)\times(0.99\times 气温 - 14.3) + 46.3$$

不适指数是考查夏天炎热程度的一个重要指标，是由美国气象局最先提出的。不适指数的计算公式是 0.81× 气温 + 湿度（%）×（0.99× 气温 –14.3）+46.3。

比如，当气温 27 摄氏度、湿度 55% 时，0.81×27+0.55×（0.99×27–14.3）+46.3，不适指数为 75。这个数字 75 有什么含义呢？有一种说法是，不适指数超过 75 时大概有十分之一的人会感觉不舒服；而不适指数一旦超过 80，那么几乎所有人都会觉得不舒服。

日本人的情况有些不同。统计数据显示，不适指数超过 77 时日本人才开始感觉不舒服；但不适指数超过 85 的话，大概有 93% 的日本人都会觉得热。

请注意，体感温度的影响因素不只包括温度和湿度，还包括风速等。所以并非不适指数高，体感温度就一定高。

不适指数和人们体感的关系如下页图表所示。根据这个表可以看到，不适指数为 75 的时候，人们会觉得“不算热”或者“稍微有点热”。

现在你明白天气预报中提到的不适指数到底是什么意思了吧。

不适指数

不适指数超过 75 时，大约会有十分之一的人感觉不舒服

不适指数

不适指数	体　感
55 以下	冷
55~60	微冷
60~65	没感觉
65~70	舒适

不适指数	体　感
70~75	不热
75~80	有点热
80~85	热得出汗
85 以上	热得受不了

风速等因素也会影响人们的体感，所以即便不适指数高也不一定感觉热。

数学速记

一般来说，气温越高不适指数越高。但因为不适指数是由气温和湿度两个因素决定的，所以人们的体感和湿度的关系也很密切。比如，夏威夷的温度虽然高，但是人们在夏威夷并没有感觉很热，就是因为夏威夷的湿度不高。

偏差值是什么？

$$偏差值 = \frac{得分 - 平均分}{标准偏差} \times 10 + 50$$

如果你对日本的考试制度有所了解的话，就一定知道偏差值。**日本考试中的偏差值是表明某一得分在某一集体中所处位置的指标**（译者注：偏差值是日本人对学生成绩的一项计算公式值，被认为反应了学生的学习水平，在大学入学考试中多有应用）。基于偏差值的计算公式，取得平均分的人的偏差值是 50，高于平均分的话偏差值可能是 51、52、53、…，超过平均分越多，偏差值越高；相反，低于平均分的话偏差值则可能是 49、48、47、…。

因为取得平均分的人的偏差值为 50，如果考试成绩平均分是 60 的话，那么标准偏差就是 15。这里的标准偏差指的是，把每个人的得分和平均分的差（偏差）平方，再求其平均数的算术平方根。所以大家的得分相差越大，标准偏差就越大；大家的得分相差越小，标准偏差就越小。

因为偏差值代表的不是成绩，而是在某个集体中自己的成绩所处的位置（排序），所以即便在满分 100 的考试中考了 85 分，其偏差值可能也只有 48；反之，有可能在满分 100 的考试中只考了 45 分，但是偏差值却有 58。

偏差值是这样计算的：

$$偏差值 = \frac{得分 - 平均分}{标准偏差} \times 10+50$$

在日本，考大学或考高中时，如果决定了要报考哪里但是学校的偏差值还没公布，一些补习班的老师就会催着学生改志愿。**因为偏差值代表的是在某一集体中自己的成绩所处的位置，是一个重要的评价指标，日本考试和中国一样，也是竞争制的，所以重视偏差值就不足为奇了**。

偏差值的计算方法

$$偏差值 = \frac{得分 - 平均分}{标准偏差} \times 10 + 50$$

● **标准偏差**

标准偏差是表明样本离散程度的数值。求法是将平均值与各个样本值的差（偏差）平方，再进行平均运算。为了使其和变量的单位保持一致，经常会求其平均数的算术平方根。求标准偏差的公式如下。

$$S=\sqrt{\frac{1}{n}\sum_{i=1}^{n}(x_i-\overline{x})^2}$$

S ⇨标准偏差　x_i ⇨样本值

n ⇨总数　$\overline{x}$ ⇨平均值

● **已知一次考试中的平均分为 55，标准偏差为 15，求小 A 和小 B 的偏差值。**

小 A　70 分　$\frac{70-55}{15}\times10+50=60$

小 B　40 分　$\frac{40-55}{15}\times10+50=40$

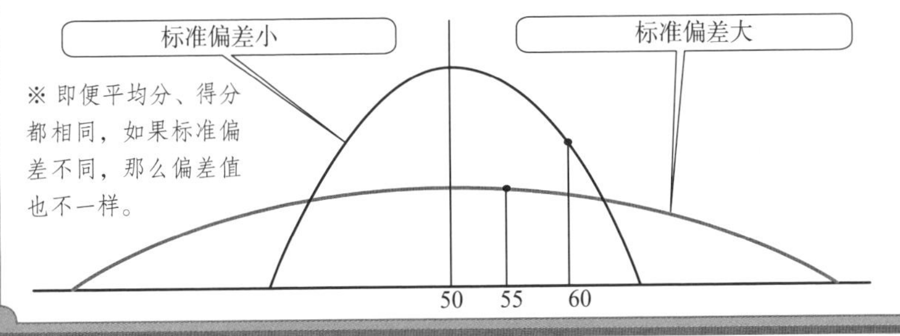

※ 即便平均分、得分都相同，如果标准偏差不同，那么偏差值也不一样。

数学速记

志愿学校公布的偏差值是学生推算自己能否被录取的重要指标，但是偶尔也会出现考上了高偏差值的学校但却没考上低偏差值学校的情况。偏差值并不是唯一的参考依据。

“东京巨蛋”有多大？

面积 =46755 平方米，体积 =124 万立方米

东京巨蛋（位于日本东京的巨蛋型体育场）是日本妇孺皆知的大型建筑物，所以日本人经常会以它为基准来衡量一个物体的大小，比如会说某个东西“有 n 个东京巨蛋那么大”。那么你知道东京巨蛋到底有多大吗？其面积和体积到底是多少呢？

官方数据显示，东京巨蛋的面积为 46755 平方米、体积为 124 万立方米。在描述物体的大小时，很多日本人会把这个“面积 =46755 平方米”“体积 =124 万立方米”看成像 1 一样的基准值。

在东京巨蛋出现之前，常被拿来当作衡量物体面积基准的是日本的后乐园球场；体积的话，也曾有人把日本的霞关大厦和丸之内大楼当作衡量的基准。日本各地的衡量标准都不一样，比如北海道地区的人们爱拿札幌巨蛋来作比较，名古屋地区的人的衡量标准可能是名古屋巨蛋，大阪地区可能是阪神甲子园球场，九州地区可能是福冈巨蛋，等等。

除了面积和体积，在比较物体的高度时，人们也常把某个建筑物当作基准值。比如可以拿东京塔、天空树、富士山、通天阁等这种日本人人都知道其高度的东西当作衡量标准来描述未知物体的高，这样就会很直观、容易理解。

这种将某物体看作标准单位 1 的方法，就是利用了比例的原理。

东京巨蛋

（可以用来衡量体积）

（可以用来衡量面积）

东京巨蛋的体积

124 万立方米

东京巨蛋的面积

46755 平方米

（包含外圈面积）

（将这一数值看成单位 1，来衡量其他物体的面积和体积，比如可以说某物有“几个东京巨蛋那么大”。）

单纯用数字描述的话不容易理解。拿有名的建筑物当成比较标准的话就能立马想象出来。

数学速记

你知道日本有几个东京巨蛋那么大吗？日本国土面积约 37.8 万平方千米，即 3.78×10^{11} 平方米，东京巨蛋的面积为 46755 平方米，$3.78\times10^{11}\div46755\approx808$ 万（个），相当于日本可以容得下 808 万个东京巨蛋。这么一算的话，日本的国土面积也不小呢。

恩格尔系数怎么算？

食品开支 ÷ 全家总开支 ×100%

恩格尔系数指的是一个家庭中食品支出占总支出的比例，是1857年德国统计学家恩斯特·恩格尔在论文中首次提出的，所以被称为恩格尔系数。

恩格尔系数可以用“食品开支 ÷ 全家总开支 ×100%”**这个公式算出来**。**其中，食品（粮食、饮品等）开支是维持生存所必需的花销，一般来说，食品开支占总开支的**比例越低则代表这个家庭的生活水平越高。

随着经济的发展，人们的生活水平在不断提升，所以恩格尔系数也在逐渐降低。

但需要注意，虽然恩格尔系数一定程度上能代表一个家庭的生活水平，但是生活水平还会受到家庭总人数、劳动人口的比例、年收入流通量以及土地和金融资产量等多种因素的影响，所以恩格尔系数未必是准确的。比如一个家庭每年花出去的房租很少，又持有很多股票，而且经常出去吃饭，恩格尔系数也会很高，但这样的家庭生活水平未必就低。

根据日本2016年的调查，（日本家庭）恩格尔系数的平均值为25.8%。

恩格尔系数

÷

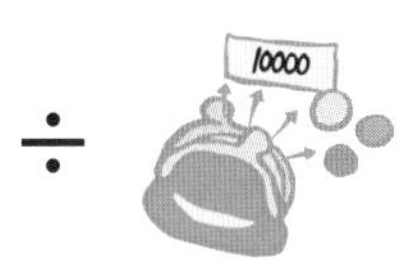

× 100%

食品开支　　全家总开支

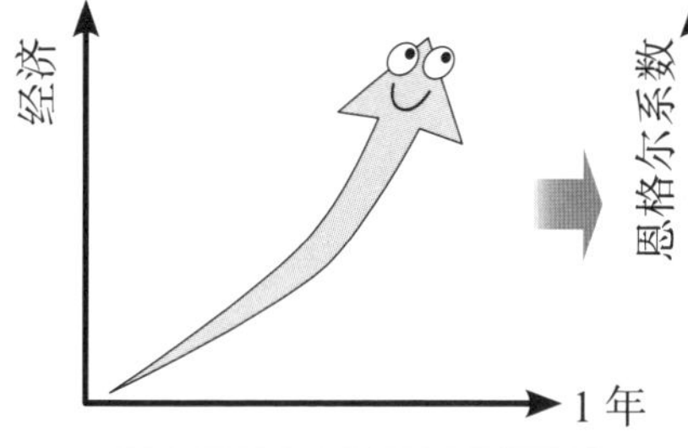

恩格尔系数
1 年

经济发展　　恩格尔系数下降

不同家庭的恩格尔系数（日本）

（2017 年）

所有家庭→ 25.5%
两人以上的家庭→ 25.7%
一个人的家庭→ 24.5%

日本 1963 年的恩格尔系数大约为 40%，随着经济的发展，这个数值不断下降，到了 2005 年降至 22.7%。但之后又呈现出回升趋势。

巧用声速和光速

光速约 30 万千米 / 秒，声速（空气中）约 340 米 / 秒

光在真空中的传播速度（即光速）为 299792458 米 / 秒，也就是每秒大约传播 30 万千米。

太阳距地球 1 亿 4960 万千米，所以光从太阳到地球大约要花 8 分 20 秒；月球距地球 38 万 4400 千米，所以光从月球到地球大约只要 1 秒多一点。地球赤道的周长约为 40076 千米，所以光每秒能绕地球约 7.5 圈。人们普遍认为光是宇宙中传播速度最快的东西，在物理学中光速被看作时间和空间的基本单位，具有特殊的意义。光速一般用符号 c 来表示。

那么声速（又称为音速）呢？

声音在空气中的传播速度会受气温、气压等因素的影响，但为了计算方便，人们将声速定为 1225 千米 / 时，换算成秒的话大约是 340 米 / 秒。

现在的客机的速度能达到 800~900 千米 / 时，而据说英法两国共同研发的协和超音速客机的速度能达到 2 马赫，1 马赫是 1225 千米 / 时，即 1 倍声速，2 马赫就是惊人的 2450 千米 / 时。

另外，由 30 万千米 ÷0.34 千米 ≈882353 可知，光速约为声速（空气中）的 88 万倍。打雷时我们先看见闪电后听见雷声，就是因为声和光的传播速速不同。

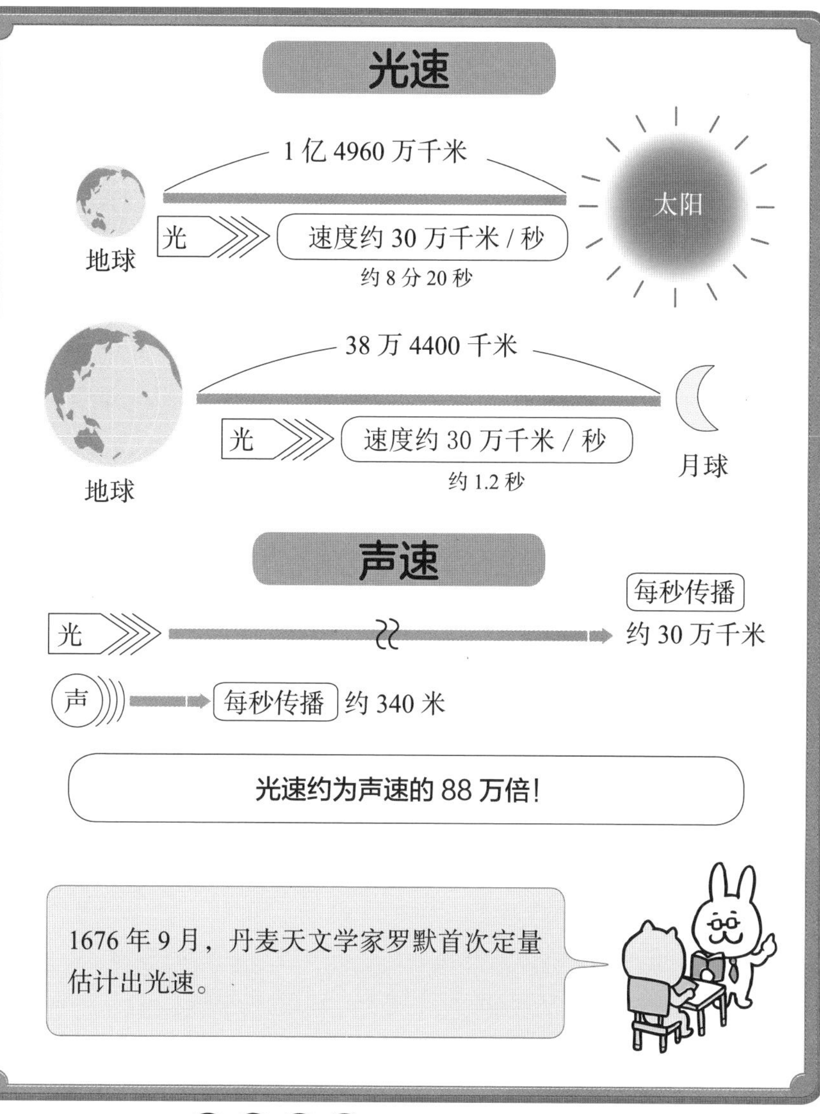

根据光速和声速的关系，可以计算出雷落下的地点距自己所在地有多远。具体计算方法是用看到闪电的时刻和听到雷声的时刻之间所差的秒数 ×340 米。

震级与震度的关系

震级每高一级，地震释放的能量为上一级的 32 倍。

震级是表示地震发生时释放能量大小的数值，而震度是表示地震时地面摇晃程度大小的数值，请别把二者混为一谈。震级是由美国地震学家查尔斯·里克特提出来的。

因为震级和震度不一样，所以即使某场地震的震级是一样的，也可能会出现某某市震度为 5，而另一个市震度为 4 的情况。地区不同，震度不同。震度是根据各个地区的震度测量仪测出来的数值确定的。

经计算，震级每高一级，其释放的能量是上一级的 32 倍；每高两级，其释放的能量是 32 倍的平方，即 1024 倍。比如，8 级地震释放的能量是 7 级地震的 32 倍，而 7.2 级地震释放的能量约是 7 级地震的 2 倍。

离震源越近，震度越大；反之，离震源越远，震度就越小。气象厅把震度划分为 10 个等级，分别是基本没有震感的震度 0、震度 1、2、3、4、5 弱、5 强、6 弱、6 强和 7 这 10 个等级。2011 年 3 月 11 日的东日本大地震，震级达到了惊人的 9.0 级，而日本宫城县的震度达到了 7。

在室内判断震度的方法

震度	描述
震度 0	地震仪能监测到，但是人感觉不到震动。
震度 1	部分比较敏感的人能感觉到震动，有些人可能会觉得头晕。
震度 2	很多人能感觉到震动，正在睡觉的人可能会被震醒。吊灯的拉绳开始左右摇晃。
震度 3	基本所有人都能感觉到震动。长时间震动的话人们会开始恐慌。陶瓷器或者餐具开始互相碰撞。
震度 4	人们开始感觉恐慌，准备避险。有人会钻到桌子底下，正在睡觉的人会被震醒，悬挂物开始大幅摇晃，餐具彼此撞击的声音很大，重心高的物体有倒塌的危险。
震度 5 弱	人们感觉到恐慌，采取避险行动。走路开始不稳，吊灯本身开始摇晃，悬挂物更大幅度摇晃。家具碰撞，重心高的书会从书架上掉下来。
震度 5 强	人们感觉恐慌，暂停手上的其他活动。餐具等东西开始从架子上掉落，电视也可能从电视柜上掉下来。门被晃开且关不上。屋内的人有被坠落物砸伤、摔倒受伤的危险。
震度 6 弱	人站立困难。没被固定住的家具都开始移动或倒塌。门基本关不上。
震度 6 强	人不能站立，只能爬行前进。
震度 7	周围一片狼藉，人难以移动。基本所有家具都在疯狂地摇晃、移动。电视等有一定重量的家电会从地上弹跳起来。

▲ 东日本大地震震级 9.0、震度 7

数学速记

现存记录里最大的地震是 1960 年的智利大地震。推测震级为 9.5 级，地震后，日本东北地区太平洋边发生了巨大的海啸。

利率要多高手里的资产才能翻倍？

72 ÷ 年利率 = 本金翻倍所需的年数

在进行资产管理时，人们经常用这个公式来计算本金翻倍所需的年数。“72 ÷ 年利率 = 本金翻倍所需的年数”这个式子，可以写成年利率 × 本金翻倍所需的年数 =72，所以又被称为“72 法则”。

根据这个公式可以算出在当前年利率（复利）下要想让本金翻倍需要多少年。同样，在投资领域，也可以用来计算在当前可使用年数下要想让本金翻倍需要获得多高的年收益率。

使本金 A 翻倍所需的年利率 r 与所需年数 N 的关系如下：

$$2A = A(1+r)^N$$

这个式子不仅可以用来求本金翻倍所需的年数，也可以用来求没还完的贷款要多少年就会翻倍。比如在利率 18% 时借了 1000 万日元，$72 \div 18 = 4$，所以相当于只要 4 年你借的钱就会翻一倍，变成 2000 万日元。

一些非法金融机构的年利率可能高达 50%，因为 $72 \div 50 = 1.44$，也就是说，如果你从这些机构借了钱，那么不到一年半你借的钱就会翻一倍。

关于究竟是谁发现了 72 法则现在还没有定论，但最早的有记载的文献显示，意大利数学家卢卡 · 帕乔利于 1494 年出版的《数学大全》这本书中就已经有关于 72 法则的描述了。

72法则是什么？

72 ÷ 年利率 = 本金翻倍所需的年数

兆丰银行的普通存款利率是

0.001%

也就是说，按这个利率存入100万日元的话，翻倍成200万日元所需的年数为

72 ÷ 0.001= 72000年

日本泡沫经济时期的定期存款利率曾经高达6%。72 ÷ 6=12（年），也就是只需12年存款本金就能翻一倍（近似值）！

利率的故事

以利率8%贷款100万日元10年，每个月还1.2万日元，总共要还146万日元。仅仅8%的利率就这么可怕！

72法则的原理解释起来有些复杂，所以在这里没有提。简单来说，就是因为$2A=A(1+r)^N$，2的自然对数是0.693，算出来接近72。

GDP怎么算？

GDP= 个人消费 + 企业投资 + 贸易收支 + 政府支出

GDP 又叫国内生产总值，是表示一定时期国内产出附加价值总额的数值。你可以将它理解成某一时期全体国民存下来的钱。国外生产的进口商品不能算到 GDP 里。

GDP 是衡量一个国家经济发展情况的重要指标。除 GDP 外，还有一个指标叫国民生产总值（Gross National Product, GNP）。20 世纪 80 年代以前，GNP 曾是比 GDP 更重要的指标。

以日本为例，GNP 中包括了在海外居住的日本人的生产量，但是不包括在日本开展经济活动的外国人的生产量。但如今，这种明确划分国籍的指标越来越不符合时代的发展要求，所以 GNP 渐渐被 GDP 所取代。

GDP 大致可分为名义 GDP 和实际 GDP 两种。名义 GDP 在计算时把物价变动也算进去了，是用市场价格（市场价格展现了经济活动的水平）来进行评判的数值。而实际 GDP 则不把物价变动考虑在内。比如，某品牌单价为 1 万日元的自行车，一年卖出了 10 辆。按一年物价没有变动来算的话，1 万日元 / 辆 ×10 辆 =10 万日元，这就是实际 GDP；而如果物价有变动，变成了 1.2 万日元 1 辆，那么 1.2 万日元 / 辆 ×10 辆 =12 万日元，这就是名义 GDP。

GDP 是国内产出附加价值的总和

农民	（将牛奶以 100 日元每升的价格卖给生产商）	附加价值 100 日元	A
生产商	（把牛奶做成奶酪，以 200 日元的价格卖给批发商）	附加价值 100 日元	B
批发商	（从生产商处购入奶酪后以 250 日元的价格卖给零售商）	附加价值 50 日元	C
零售商	（以 350 日元的价格将奶酪卖给消费者）	附加价值 100 日元	D

附加价值共计：A + B + C + D=350（日元）

这是计算 GDP 基本的思考方法。

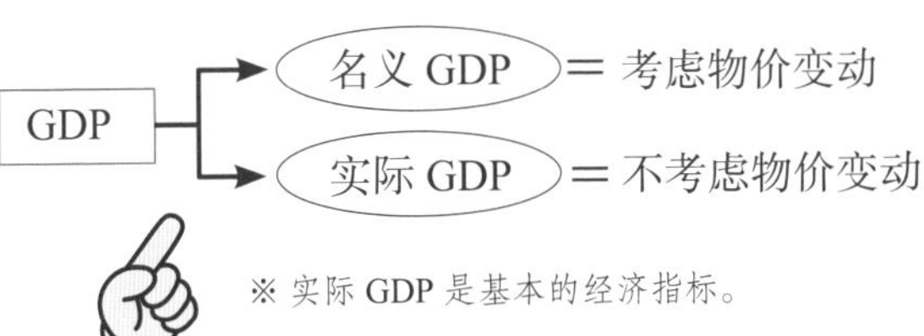

数学速记

像育儿、做家务这种事情的价值很难用具体金额展现出来。所以一般认为家庭主妇、家庭主夫们扫地、洗衣服不产生金钱价值，所以不包括在 GDP 内。但真的如此吗？这也是现在经济学研究的一个重要课题。

经济增长率怎么算?

经济增长率 =（本期 GDP- 前期 GDP）÷ 前期 GDP

经济增长率是用百分数（%）表示一季度或一年等某个特定时期内 GDP 变动情况的数值。

经济增长率的计算基于 GDP。上一节提到 GDP 分为名义 GDP 和实际 GDP 两种，经济增长率也一样，分为名义增长率和实际增长率两种。名义增长率考虑到了物价上涨和通货膨胀的影响，而实际增长率则不将其考虑在内。一般来说，提到经济增长率时指的是以不考虑物价变动的实际 GDP 为基准计算出来的实际经济增长率。

因为实际经济增长率排除了物价变动的影响，所以可以进行各个时期经济增长率的横向比较。但是，考虑物价变动也是有必要的，虽然计算可能稍显复杂，但有时候，将物价变动考虑在内的名义经济增长率可能更接近于我们的切身体会。

日本在 1959 年到 1973 年经济高度成长期的平均经济增长率达到了 10% 左右，但 20 世纪 90 年代泡沫经济时代后的经济增长却一直低迷。

2018 年 6 月 19 日，日本经济产业省预测日本 2018 年的实际经济增长率能达到 2.4%、2019 年能达到 2.0%。但其实，日本 2016 年的经济增长率仅为 1.4%，2017 年仅为 1.1%。

安倍上台以后日本实际经济增长率的变动情况

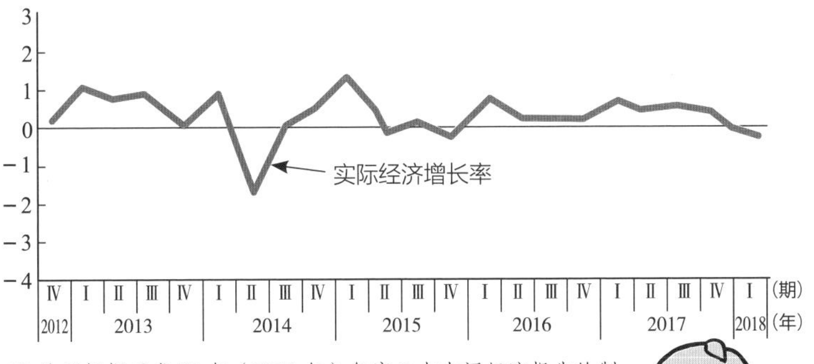

※ 该图根据平成 30 年（2018 年）年度日本内阁经济报告绘制。

各国名义 GDP 排名的变动情况

	1987	1997	2007	2017
第 1 名	美国	美国	美国	美国
第 2 名	日本	日本	日本	中国
第 3 名	民主德国	德国	中国	日本
第 4 名	法国	英国	德国	德国
第 5 名	意大利	法国	英国	法国
第 6 名	英国	意大利	法国	英国
第 7 名	加拿大	中国	意大利	印度
第 8 名	中国	巴西	西班牙	巴西
第 9 名	西班牙	加拿大	加拿大	意大利
第 10 名	巴西	西班牙	巴西	加拿大

从中能看出中国发展速度惊人。

191 个国家 2017 年的经济增长率排名中，第一名是利比亚，第二名是埃塞俄比亚，而日本在 191 个国家中排到了第 150 名。

日经平均股价和 TOPIX 怎么算？

日经平均股价 =225 家上市公司股票的平均值

日经平均股价是根据东京证券交易所第一市场上市的 225 家公司的股票算出的平均值，即 225 家企业的平均股价，也被称为日经 225。1991 年 9 月以前，日经平均指数进行采样的这 225 家上市公司的选择标准很简单，在确定了企业名单之后，也不再变更，只有在采样企业破产或者被收购时才会进行补充。

而 1991 年 9 月以后，日本追加了一条规定，宣布日经平均指数的采样对象排除流动性大的企业的股票。现在这 225 家上市公司里，单单“迅销”**这一家公司的股价波动就占了**日经平均股价整体波动的 8%。除此之外，对股价贡献度排名前几位的企业还有 KDDI（日本的一个电信服务提供商）、发那科（FANUC）、软银、京瓷，它们共占了股价指数的 20% 左右，这些公司的股价变动对日经平均指数也影响颇大。

TOPIX 是东证股价指数。和日经 225 不同，这一指标表现出的是日本股市整体的动向。日本将 1969 年 7 月 1 日定为初始日期，这一天的时价总额设定为基准值 100，以此为基准来计算之后的变化趋势。

日经平均股价单位是日元。而 TOPIX 则是一个比例，写成多少“点”。泡沫经济时期 TOPIX 曾高达 2884.8 点，而 2018 年 9 月 28 日（作者写作当天）只有 1817.25 点。

日经平均股价自 2013 年 1 月起的变动情况

▲ 东京证券交易所

▲ 位于交易所内的市场中心

日经平均股价的最高值出现在 1989 年 12 月 29 日。该日的交易记录显示日经平均股价达到了惊人的 3 万 8957 日元！

像迅销集团这样的大型股股价有时会被人为地调高，这是一种投机性的交易行为，目的是诱导日经平均股价向着对自己有利的方向发展，需要引起人们的警惕。

数与式的小故事：追求幸福的学问——始于古希腊的数学

很多人觉得，学数学就是计算、记公式、记定理，而唯一能用到数学的地方就是考试。确实，虽然经济学、社会学、心理学等领域也有数学的应用，但如果不是学理科的，人们很少会在自己的专业领域接触到它。所以很多人对数学抱着敬而远之的态度。

然而，翻看数学的历史，你会发现竟然有那么多人曾为数学所倾倒。数学发源于古希腊时期，却在各个时期都有发展，各个时期、各个国家出现了无数个数学家，而且我发现了一个很有趣的现象，那就是，古时候几乎所有的数学家都涉猎颇广，其成就都不仅仅局限于数学学科。

最常见的一种情况是，这个人既是数学家又是哲学家，比如古希腊时期的毕达哥拉斯、泰勒斯，17 世纪法国的帕斯卡、笛卡儿，德国的莱布尼茨，等等。除此之外，很多人还既是数学家又是物理学家，比如古希腊时期的阿基米德，17 世纪英国的牛顿、法国的费马，等等。还有可能这个人既是数学家又是手艺人，比如公元前 2 世纪亚历山大的海伦、17 世纪意大利的切瓦，等等。这些人之所以

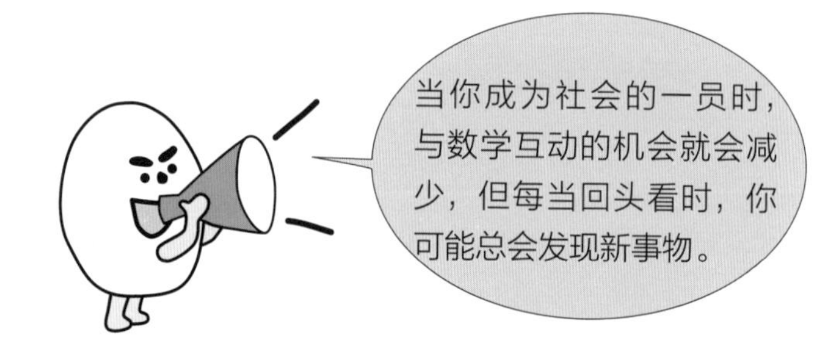

“身兼多职”，当然不是学数学难以养家糊口需要发展副业，而是有其他的原因吧。

数学中的数字和公式都是有规律的，这使得数学有其特殊的美感。像黄金比例和一些美丽的图案，我们都可以从中发现数学的影子。这也是数学家、哲学家们如此痴迷数学的原因之一吧。数学无处不在，所以关心人类生活、宇宙运转、星象变化、日月升落的哲学家们自然而然就会关注数学。

另外，利用数学也可以发展科学技术、构筑近代文明。数学不只是一种实用性很强的工具，也有其独特的美感。看到那些整齐的数列、对称的三角函数曲线，你的心中会不会也泛起一丝丝感动呢？

既是数学家又是哲学家

古希腊时期	毕达哥拉斯、泰勒斯
17 世纪	帕斯卡（法国）、笛卡儿（法国）、莱布尼茨（德国）

既是数学家又是物理学家

古希腊时期	阿基米德
17 世纪	牛顿（英国）、费马（法国）

既是数学家又是手艺人

公元前 2 世纪	海伦（亚历山大）
17 世纪	切瓦（意大利）

数学
小专栏 5

解二次方程有用吗？

大约 10 年前，日本某作家以数学中的二次方程解的公式为例批判数学教育，引起了很多人的关注。为什么人们对数学有这么多的误解呢？求解二次方程真的没用吗？我对此存疑。

首先让我们一起回忆一下二次方程吧。

二次方程的一般式是：$ax^2+bx+c=0$。其中，x 是变量，a、b、c 都为常数且 $a\neq 0$。二次方程解的公式是：

$$x=\frac{-b\pm\sqrt{b^2-4ac}}{2a}$$

虽然计算量有点大，但是只要会基本的因式分解就能算出来。其实对很多初中生、高中生来说，凭借自己的努力算出答案是一件很有成就感的事。

日本会在 2020 年的小学课程中加入编程这门课。其实推导二次方程解的公式也好，按照公式求解二次方程也罢，都和编程很像，都可以很好地锻炼人的理性思维能力。像这样，不要单纯为了考试而学数学；对待数学的态度，决定了你会不会喜欢数学。无论是工作、学习还是玩游戏，我们享受的不仅仅是结果，更重要的是过程。享受过程是一种积极向上的人生态度。

如果学数学只纠结结果“对不对”或者“做没做出来”、死记硬背公式的话，那肯定会产生厌恶情绪。所以不要太在意结果，试着从学数学本身找到一丝乐趣，抛弃死记硬背式的学习方法。如果能像看电视剧、看小说一样轻松快乐地享受这个学习数学的过程，人生也会变得更加丰富多彩。

后　记

如果你看到这里，说明你已经把这本书读完了。谢谢你。

在此，我想再次跟你分享一下我对数学的看法。

我曾经想过，为什么数学会遭人讨厌？很多人觉得数学这个科目非黑即白，认为学习数学就是要做题，做对了还行，做错了就意志消沉。学生也好，家长也罢，都抱着为了考试的心态去学数学。因为对他们来说，数学仅仅是一个衡量成绩好坏的标准，自然在学数学时倍感压力。

最近一些教育心理学和教育社会学研究显示，人的能力是有多样性的。在学校里成绩的好坏、IQ 的高低，并不是衡量一个人能力的唯一标准，每个人的潜力都是无限的。

而数学作为一门可以明确判断对错的学科，容易给人留下“能做出数学题来就说明这个人脑子聪明、智商高”这样的刻板印象。

很多人就是这样，让自己陷入了执着于数学题解不解得出来的怪圈，进而对数学产生了厌恶心理。这实在是太可惜了！如果像这样一味纠结能不能做出题来，一直把结果放在第一位的话，一旦没解出题来，心里就满是挫败感，而忘了要去反思一下为什么做错了，因此失去了锻炼自己超认知能力的宝贵机会。

还记得我前面提到过的超认知能力吗？《广辞苑》中对这个词是这么解释的：“（超认知）就是自我检查、控制自己的内心。”教育界有句话说得好，“学习学什么？就是要学自我反思”。数学题做错了，最重要的是回头检查为什么错了。这个回头找错误的过程，就是一个再思考的过程，也是一个自我检查的过程。

其实数学是一个很注重过程的学科。知道“错了”但不知道“错在哪”，就会导致不断在同一个地方跌倒，陷入恶性循环，最后自我否定。

只有改变自己思考问题的方式，从只注重结果变为注重过程，才能真正喜欢上数学。不过分纠结结果、不与别人比较——这就是学好数学的秘诀。怎么也做不出来的题，那就随它去吧！休息一下，转移一下注意力，活动活动身体，想想别的事情，然后再说吧！

我目前在健身俱乐部里上瑜伽课，我的瑜伽老师是这么跟我说的：“练瑜伽最重要的是心无旁骛，不要在意别人做了什么动作，也没必要做和别人一样的动作。和别人比一点意义都没有，只要尽全力做好自己的事情就可以了！”正是秉承着这样的想法，我这个身体一点也不柔软的人，硬是练了将近 7 年瑜伽。学数学也是一样的。

小宫山博仁